# 蔬菜病虫害诊断与绿色防控原色生态图谱

● 伍均锋 何 斌 谢小红 主编

中国农业科学技术出版社

**图书在版编目（CIP）数据**

蔬菜病虫害诊断与绿色防控原色生态图谱 / 伍均锋，何斌，谢小红主编 . —北京：中国农业科学技术出版社，2018. 8

ISBN 978-7-5116-3611-9

Ⅰ . ①玉… Ⅱ . ①伍… ②何… ③谢… Ⅲ . ①蔬菜—病虫害防治—图谱 Ⅳ . ①S436.3-64

中国版本图书馆 CIP 数据核字（2018）第 083555 号

**责任编辑** 白姗姗
**责任校对** 马广洋
**出 版 者** 中国农业科学技术出版社
北京市中关村南大街12号　　邮编：100081
**电　　话** （010）82106638（编辑室）（010）82109702（发行部）
（010）82109709（读者服务部）
**传　　真** （010）82106650
**网　　址** http：// www.castp.cn
**经 销 者** 各地新华书店
**印 刷 者** 北京富泰印刷有限责任公司
**开　　本** 787mm × 1 092mm　1/16
**印　　张** 9.75
**字　　数** 225千字
**版　　次** 2018年8月第1版　　2018年8月第1次印刷
**定　　价** 79.90元

# 《蔬菜病虫害诊断与绿色防控原色生态图谱》

## 编委会

**主　编：** 伍均锋　何　斌　谢小红

**副主编：** 曾正琼　唐金凤　张春坪　王爱华　全小翀　牛红云
李锡勇　崔洪萌　倪洋勋　吴昊林　缪学田　赵振锋
李国库　陈　勇　王瑞音　刘　勇　张艳梅　陈　瑶
孙龙彩　李纪伟　陈加伦　王义平　李　岩　高国华
迟　菲　杨亚平　李永恩　钟梓璘　朱曼露　凌志杰
阳立恒　毛喜存　王小慧　许芝英　张红伟　张跃发
宋长庚　朱　红　窦仲良　唐广顺　李　为　农建勤
乔存金　李红梅　刘景斌　刘晓霞　钟　霞　窦　丽
王红静　徐洪梅　周淑芬　汤　伟　李宝国　张新盟
徐青蓉　杨　越　闫海莉　李中华　王海敏　付　明
李　娜　王亚丽　王　旸　谢红战　张丽佳　李　博
孟桂霞　刘晓霞　朱耀斌　段彦超　米兴林　高生莲
陈香正　王海忠　胡学飞　陈彦君　胡永锋

**编　委：** 姜　侠　徐勤娟　孙亚敏　梁　亚　常　永　王金凤

# 前　言

蔬菜已成为中国第二大种植业，是人们一日三餐中不可或缺的食材，“绿色蔬菜”逐渐成为人们日常消费的首选，其质量是关乎国计民生的大事，蔬菜质量安全关键在于病虫害的安全有效防治。掌握病虫害诊断方法，树立“绿色植保”理念，建立生产标准化，提高质量安全，是从事蔬菜生产的新型农业经营主体带头人的基本担当与能力。

《蔬菜病虫害诊断与绿色防控原色生态图谱》是在编者对蔬菜病虫害多年实地调查与防治的基础上编写而成。全书配有病虫害原色图谱500余幅，图片清晰、典型，易于田间识别和对照。本书简要明确地介绍了黄瓜、番茄、菜豆、萝卜、芹菜、生菜、大葱、韭菜、马铃薯等30余种常见蔬菜的120余种病虫害的为害诊断、发病条件（生活习性）与绿色防控。本书防控措施体现了近年来蔬菜病虫害防治的最新科研成果、生产经验、新技术、新方法和新药剂，在确保高效防治的同时，突出了绿色防控之核心技术，是本书的亮点之一。

本书通俗易懂、图文并茂、准确实用，可供蔬菜生产者、蔬菜营销经管人员、农药经营者、农技推广人员、植保和植物检疫人员、农业院校师生等参阅。由于环境、生物具有多样性和可变性，建议读者在参阅本书的基础上，结合实情、因地制宜，先示范后推广，切勿生搬硬套，以免造成不必要的损失。

书中引用了一些同行的成果及图片，在此表示感谢！由于编者水平有限，书中难免存在错误和不当之处，恳请各位专家和读者批评指正。

愿本书在蔬菜病虫诊断和绿色防控方面发挥应有作用。

伍均锋

2018年6月

# 目　　录

## 第一章　蔬菜侵染性病害诊断与绿色防控

## 第二章　蔬菜生理性病害及药害诊断与绿色防控

## 第三章　蔬菜虫害诊断与绿色防控

# 第一章　蔬菜侵染性病害诊断与绿色防控

## 一、黄　瓜

黄瓜是广大群众最喜欢的蔬菜之一，但黄瓜病害较多，有20多种，为害普遍而严重的有霜霉病、白粉病、灰霉病、炭疽病、蔓枯病等。

### （一）黄瓜霜霉病

【为害与诊断】黄瓜霜霉病，俗称“跑马干”“干叶子”“火龙”，在发病季节一周左右时间就可使成片的植株发病，形成减产30%～50%的惨局。

苗期成株都可受害，主要为害叶片。在诊断中重点在叶片背面。

幼苗期发病，子叶正面发生不规则的褪绿黄褐色斑点，病斑直径0.2～0.5cm，潮湿时病斑背面产生灰褐色霉状物，严重时子叶变黄干枯（图1-1）。

成株期发病，多从温室前沿开始，发病株先是中下部叶片反面出现水渍状、淡绿色小斑点，正面不显，后病斑逐渐扩大，正面显露，病斑变黄褐色，受叶脉限制，病斑呈多角形。在潮湿条件下，病斑叶背面有小水珠渗出，出现紫褐色或灰褐色稀疏霉层。严重时，病斑连成一片，叶片干枯（图1-2至图1-6）。

图1-1　黄瓜霜霉病幼苗期症状

图1-2　黄瓜霜霉病发病初期症状

图1-3　黄瓜霜霉病典型病叶正面

图1-4　黄瓜霜霉病病叶田间症状

图1-5　黄瓜霜霉病叶背面水渍状病斑

图1-6　黄瓜霜霉病叶背面霉层

【发病条件】黄瓜霜霉病菌为专性寄生菌，湿度是该病发生的决定因素。当温度在16～20℃，相对湿度85%以上，尤以叶面有水滴或水膜时，病菌侵入最快。

【绿色防控】

（1）农业防治。施足底肥，有机肥5 000kg/亩*；浇透底水，培育无病壮苗；地膜覆盖，膜下浇暗水；及时摘除病叶于田外深埋。

（2）生态防治。改变浇水时间，晴天的早晨或上午浇水，浇后闭棚升温至33℃保持1h后放风，反复2～3次。科学放风，白天温度保持在25～30℃，高于31～32℃时，应放风，先开顶风，秋春季气温高时结合放腰风或后墙风。

（3）药剂防治。在病害始见后3～5天用药，用药间隔期7～10天，连续3～5次，重病田视病情发展，可适当增加喷药次数。在发病初期治疗性药剂可选用：72%克露（霜脲氰·代森锰锌）可湿性粉剂1 000倍液；69%安克锰锌（烯酰吗啉·代森锰锌）可湿性粉剂1 000倍液；58%雷多米尔锰锌可湿性粉剂1 000倍液等喷雾。发病前预防可选用80%代森锰锌（喷克）可湿性粉剂800倍液；40%达科宁（百菌清）悬浮剂600倍液；77%可杀得（氢

* 1亩≈666.7m$^2$，1hm$^2$=15亩。全书同

氧化铜）可湿性粉剂1 000倍液；64%杀毒矾（恶霜灵·锰锌）超微可湿性粉剂1 000倍液等喷雾。

（4）熏烟。保护地内黄瓜吊蔓后最适宜熏烟，每200m$^3$温室容积可用45%百菌清烟剂300g～330g或10%百菌清烟剂900g或75%百菌清粉剂加酒精130～200g，傍晚闭棚后熏烟，次日早晨通风。方法是：将药分成若干份，均匀分布在设施内。烟雾剂用暗火点，烟柱引信用明火点或暗火点，百菌清粉加酒精用明火点燃。一般7～14天熏1次，共3～6次。

## （二）黄瓜白粉病

【为害与诊断】黄瓜白粉病，俗称“白毛”，病情发展速度很快，往往造成黄瓜叶片早衰，对产量影响很大，一般年份减产在10%左右，流行年份减产在20%～40%。

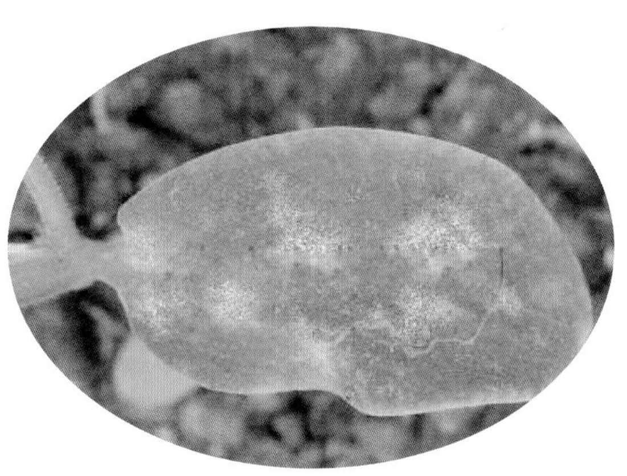

图1-7　黄瓜白粉病子叶上白粉斑

黄瓜叶片、叶柄、茎均可染病，在诊断中重点在叶片，一般不为害果实。

黄瓜白粉病发病初期，叶片正面或背面产生白色近圆形的小粉斑，逐渐扩大成边缘不明显的大片白粉区，布满叶面，好像撒了层白粉，后期白粉变成灰白色。抹去白粉，可见叶面褪绿，枯黄变脆。一般情况下部叶片比上部叶片多，叶片背面比正面多（图1-7至图1-9）。

图1-8　黄瓜白粉病病叶正面，白色粉状小圆斑

图1-9　黄瓜白粉病病叶背面

白粉病侵染叶柄和嫩茎后，症状与叶片上的相似，唯病斑较小，粉状物也少。侵染花器，导致落花。当气候不良、植株衰老时，病斑上出现散生或成堆的黑褐色小点（图1-10至图1-14）。

图1-10　黄瓜白粉病连片病斑

图1-11　白粉病斑上散生或成堆的黑褐色小点

图1-12　黄瓜白粉病茎部染病症状

图1-13　黄瓜白粉病防治后复发症状

图1-14　黄瓜白粉病花器染病症状

【发病条件】病菌流行的最适温度为16～24℃，当空气湿度超过25%时即可发病，随着湿度的增加，病情流行快、发病重，特别是雨后转晴、田间湿度较大时，或高温干旱与高温高湿条件交替出现时，会导致病害大流行。

【绿色防控】防治白粉病的关键是早预防，减少病源。喷雾要周到，防止长期单一使用一种药剂而使病菌产生抗药性。

（1）农业防治。选用抗病品种。一般田间表现抗霜霉病的品种也抗白粉病。常用品种有冀杂一号、津优35号、博美169、津冬23号等。温室大棚消毒。温室大棚定植前10天左右，造墒后覆膜盖棚，密闭，使棚室温度尽可能升高至45℃以上进行消毒。温度越高、时间持续越长，效果越好。也可每亩温室大棚用2～3kg硫黄粉掺锯末5～6kg点燃熏蒸，还可用45%百菌清烟剂1kg熏蒸。

（2）生态防治。白粉病菌的分生孢子在湿度较高时，极易吸水破裂死亡。所以，低浓度、大水量喷药，将叶面全都喷湿，会有较好的防治效果。但需要注意的是，棚室里相对湿度较高，再加大喷水量，可能会引发霜霉病等其他病害。

（3）药剂防治。白粉病多发的棚室，可于定植前每100m$^2$用250g硫黄加500g锯末混匀，点燃熏一夜。也可在发病前和初发期用45%的百菌清烟剂熏棚。发病后可用30%的特富灵可湿性粉剂（氟菌唑）1 500～2 000倍液，50%的硫黄悬浮剂250～300倍液等杀菌剂防治。

提个醒：粉锈宁对白粉病的防治效果很好，但尽量不要在黄瓜上使用。因为粉锈宁会严重抑制黄瓜的生长，使用后1个月之内黄瓜生长特别缓慢，直接影响其经济效益。

小经验：对于有机农业来说，把脱脂牛奶（奶粉或液体奶均可）按1：9的比例对成水溶液，在病害发生初期喷洒，7天1遍，连喷2～3遍，也有很好的防治效果。

## （三）黄瓜灰霉病

【为害与诊断】黄瓜灰霉病由于果实常常受到侵扰而引起腐烂，菜农称之“烂果病”“霉烂病”。在冬暖棚低温高湿、通风条件差的情况下，一旦发病防治不及时，可减产20%～30%。

黄瓜灰霉病主要为害幼瓜、叶、茎，在诊断中重点在幼瓜、叶片，被害部都可见到灰褐色的霉状物。

果实发病时，病菌从开败的雌花处开始侵染，在雌花开败时花瓣上长出淡灰褐色的老层，致幼瓜脐部呈水渍状、褪色，病部逐渐变软、腐烂，表面密生灰褐色霉状物。以后花瓣枯萎脱落，病情沿瓜条蔓延，被害瓜轻者生长停滞，烂去瓜头，重者全瓜腐烂。烂花、烂瓜及发病卷须（滴的水）落在茎叶上会引起茎叶发病（图1-15至图1-17）。

叶部发病，部位不一定在叶缘。叶部病斑初为水浸状，后变淡褐色，表面着生少量灰霉，形成直径20～50mm大型病斑。发病迅速时病斑处的叶肉组织变薄，病斑上有明显轮纹，湿度高时易穿孔。发病后期变成淡灰褐色斑，呈不规则形，生有少量灰色粉状霉（图1-18至图1-21）。

图1-15　黄瓜灰霉病从开败的雌花处侵染

图1-16　黄瓜灰霉病，病情沿瓜条蔓延

图1-17　瓜条生长停滞、烂去瓜头，重者全瓜腐烂

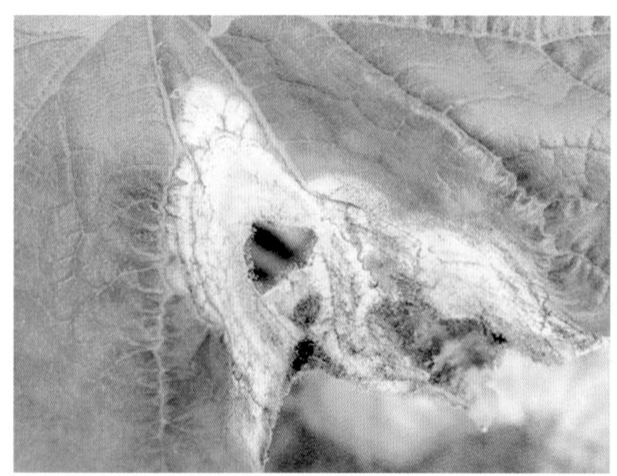

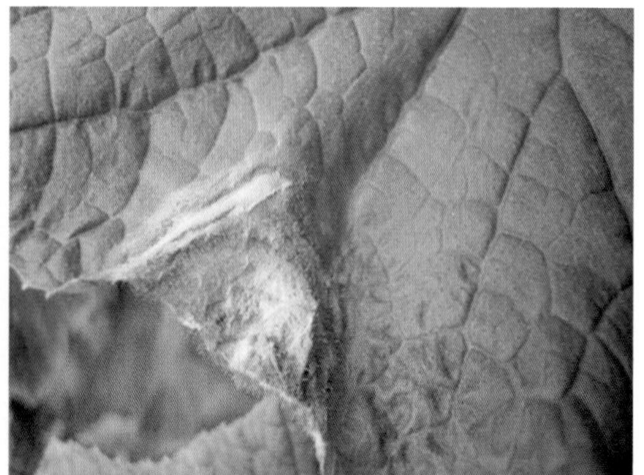

图1-18　黄瓜灰霉病侵染叶片成“V”字形病斑

茎上发病后，造成茎部数节腐烂，茎蔓折断，植株枯死（图1-22）。

图1-19　黄瓜灰霉病病叶初期症状

图1-20　黄瓜灰霉病，病斑上轮纹

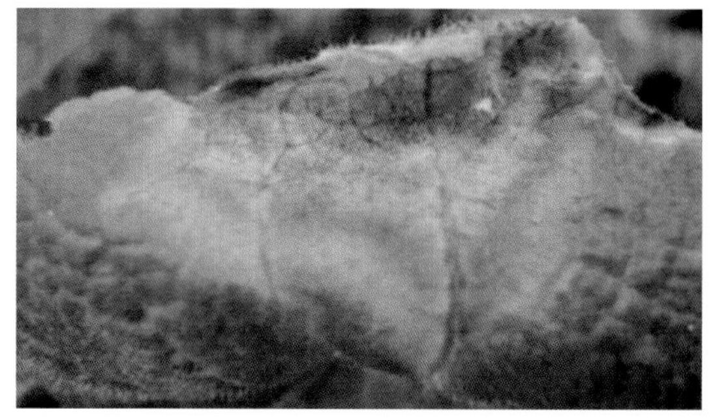

图1-21　黄瓜灰霉病，病斑上灰色粉状霉层

图1-22　黄瓜灰霉病病茎

【发病条件】黄瓜灰霉病是高等真菌，结瓜期是该病侵染和烂瓜的高峰期。春季连阴天多，气温不高18～23℃，棚内湿度大于90%以上，结露时间长，放风不及时，发病重。

【绿色防控】重要防治时期在开花期和果实膨大期。采用生态防治变温管理，抑制病菌滋生，结合初发期用药，采用烟雾法或粉尘法，交替轮换等施药技术。

（1）生态防治。生长前期及发病后，适当控制浇水，适时晚放风，提高棚温至33℃则不产孢子。降低湿度，减少棚顶及叶面结露和叶缘吐水。苗期、果实膨大前一周及时摘除病叶、病花、病果，保持棚室干净，通风透光。推广高畦覆地膜或滴灌栽培法。

（2）烟雾法或粉尘法防治。棚室发病初期，烟雾法用10%速克灵烟剂，每次200～250g/亩，或用45%百菌清烟剂，每次250g/亩，熏3～4h。粉尘法于傍晚喷撒5%灭霉粉尘剂或百菌清粉尘剂，或用6.5%甲霉灵粉尘剂（万霉灵5＃），每次1kg/亩，隔9～11天1次，连续或与其他防治法交替使用2～3次。

（3）药剂防治。发病初期喷洒50%速克灵可湿性粉剂2 000倍液或50%扑海因可湿性粉剂1 000～1 500倍液、25%阿米西达悬浮剂1 500倍液或50%啶酰菌胺（凯泽）1 000倍液或50%咯菌腈（卉友）可湿性粉剂3 000倍液。对苯肼咪唑类产生抗药性地区，选用65%甲霉灵可湿性粉剂1 000倍液、50%多霉清（多·霉威）可湿性粉剂800倍液。上述杀菌剂预防效果好于治疗效果。发病后用药，应适当加大用药量。为防止产生抗药性，轮换交替或复配使用。

（4）生物防治。生物农药“奥力克-霉止”300～500倍液稀释，在发病前或发病初

期喷雾，每5～7天喷药1次，喷药次数视病情而定。病情严重时，按奥力克-霉止300倍液稀释，3天喷施1次。施药避开高温时间段，最佳施药温度为20～30℃。

## （四）黄瓜炭疽病

【为害与诊断】黄瓜炭疽病是由引进的种子带菌所造成的，该病发生后严重影响黄瓜的产量和品质，给农户造成很大的经济损失。

黄瓜炭疽病在黄瓜各生长期都可发生，以生长中后期发病较重。在诊断中重点是黄瓜叶片，但该病也可为害叶柄、茎秆和瓜条。贮运期间可继续发病。

黄瓜幼苗发病时，以子叶发病为主，在子叶边缘和真叶上出现半圆形或圆形病斑，稍凹陷、黄色，病斑边缘明显，病部粗糙。湿度大时病部产生黄色胶质物，严重时病部破裂（图1-23至图1-26）。

茎蔓与叶柄染病，病斑椭圆形或长圆形，黄褐色，稍凹陷，严重时病斑连接，绕茎一周，植株枯死；瓜条染病，病斑近圆形，初为淡绿色，后成黄褐色，病斑稍凹陷，表面有粉红色黏稠物，后期开裂（图1-27至图1-29）。

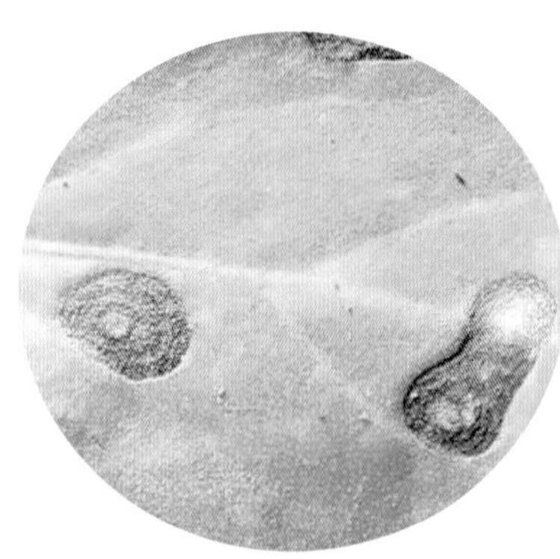

图1-23　炭疽病为害子叶症状

图1-24　炭疽病早期病叶症状

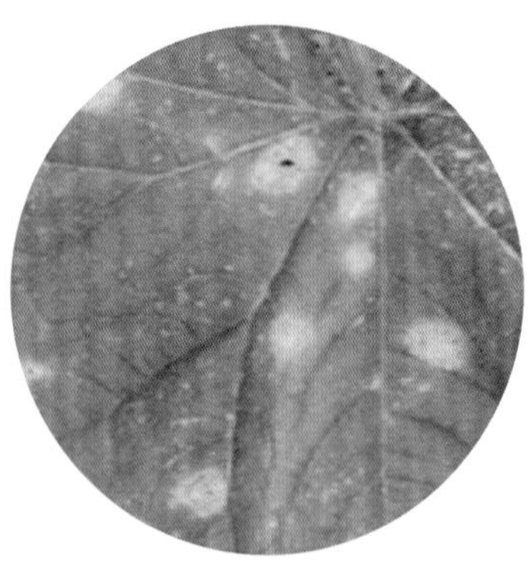

图1-25　发病中期病斑增多

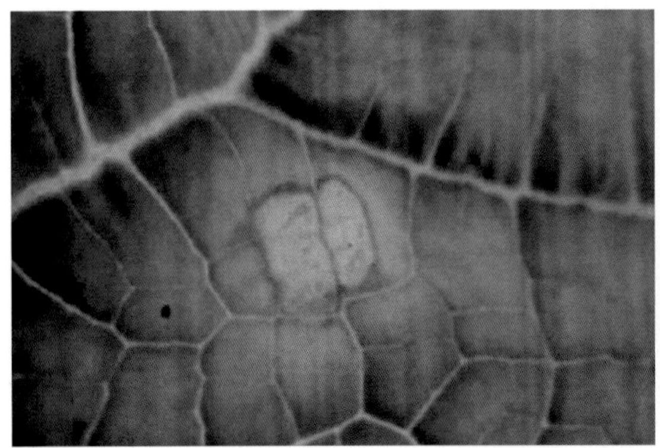

图1-26　黄瓜炭疽病发病中后期，病斑稍凹陷，边缘明显

图1-27　黄瓜炭疽病发病后期病斑穿孔、破裂

图1-28　黄瓜炭疽病茎发病症状

图1-29　黄瓜炭疽瓜条发病症状

【发病条件】低温、高湿适合黄瓜炭疽病的发生，温度高于30℃，相对湿度低于60%，病势发展缓慢。气温在22～24℃，相对湿度95%以上，叶面有露珠时易发病。保护地内光照不足，通风排湿不及时，均可诱发此病。

【绿色防控】

（1）农业防治。选用无病种子或播种前进行种子消毒。用50℃温水浸种20min，冰醋酸100倍液浸种30min后清水冲净后催芽。

（2）生态防治。加强管理，增施磷钾肥，实行轮作。发现病株后及时清除病叶、病瓜。严禁大水漫灌，雨后及时排除田间积水，降低田间湿度，并控制湿度在70%以下。

（3）药剂防治。温室大棚采用烟雾法，可选用45%百菌清烟剂，每次250g/亩，隔9～11天熏1次，连续或交替使用；也可于傍晚喷撒6.5%甲霉灵超细粉尘剂，或用5%百菌清粉尘剂，或用8%克炭疽粉尘剂，每次1kg/亩。在发病初期摘除病叶并使用50%咪鲜胺（施保功）1 500倍+20%氟硅唑咪鲜胺800倍或25%咪鲜胺（施保克）乳油1 000～1 500倍液或25%几丁咪鲜胺（绿怡）乳油1 000～1 500倍液或68.75%噁酮·锰锌（易保）水分散粒剂800～1 000倍液或70%代森联（品润）干悬浮剂500倍液或75%代森锰锌（杜邦猛杀

生）水分散粒剂500倍液，或用80%炭疽福美双可湿性粉剂800倍液等，喷雾防治。注意轮换使用，每隔5～7天1次，连续防治2～3次。

提个醒：注意不要喷到黄瓜生长点上！要喷黄瓜叶片的中下部，此病主要从中下部开始发病之后再向上侵染，上部叶片很少发病。

## （五）黄瓜枯萎病

【为害与诊断】黄瓜枯萎病又名“萎蔫病”“蔓割病”“死秧病”，是一种由土壤传染，从根或根颈部侵入，在维管束内寄生的系统性病害（导管型枯萎病），有植物“癌症”之称。同一地块连作3年，发病率可高达70%，产量损失10%～50%，甚至绝收。

图1-30 黄瓜枯萎病基茎部症状

黄瓜枯萎病诊断的典型症状是萎蔫、枯死。

黄瓜枯萎病在各生育期都可染病，以开花结瓜期发病最多。苗期发病时茎基部变褐缢缩、萎蔫猝倒。幼苗受害早时，出土前就可造成腐烂，或出苗不久子叶就会出现失水状，萎蔫下垂（猝倒病是先猝倒后萎蔫）。成株发病时，初期受害植株表现为部分叶片或植株的一侧叶片，中午萎蔫下垂，似缺水状，但早晚恢复，数天后不能再恢复而萎蔫枯死（图1-30）。

主蔓茎基部纵裂，撕开根茎病部，维管束变黄褐到黑褐色并向上延伸。潮湿时，茎基部半边茎皮纵裂，常有树脂状胶质溢出，上有粉红色霉状物，最后病部变成丝麻状（图1-31至图1-33）。

图1-31 黄瓜枯萎病造成植株生长萎蔫、枯死

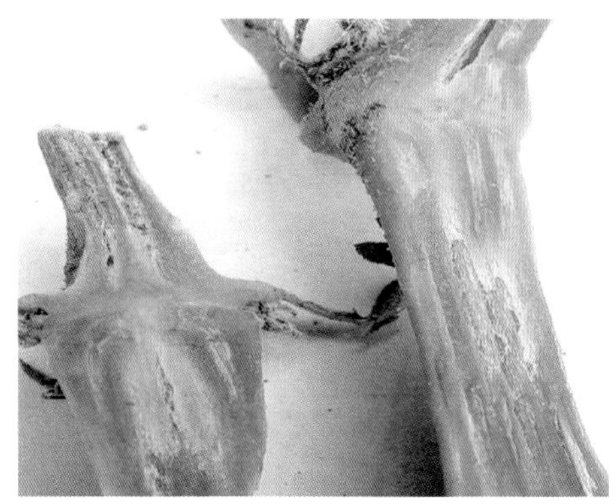

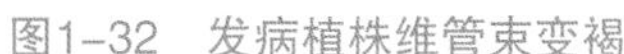

图1-32　发病植株维管束变褐

图1-33　黄瓜枯萎病茎部纵裂、潮湿时产生胶质

【发病条件】土壤高湿是黄瓜枯萎病发病的重要因素，侵染适宜温度为24～25℃，最高34℃，最低14℃。空气相对湿度90%以上最易发病。根部积水，根部腐烂，促使病害发生蔓延。氮肥过多以及pH值4.5～6的酸性土壤中枯萎病发生严重。

【绿色防控】为解决黄瓜枯萎病，黄瓜种植大都采取嫁接的办法，枯萎病防治效果可达99%以上。但不少瓜农反映，他们采取嫁接的黄瓜也发生了枯萎病，发病率在10%～30%。主要原因是前期没有做好清根处理，导致黄瓜次生根下扎，从而失去了嫁接的应有作用（图1-34、图1-35）。

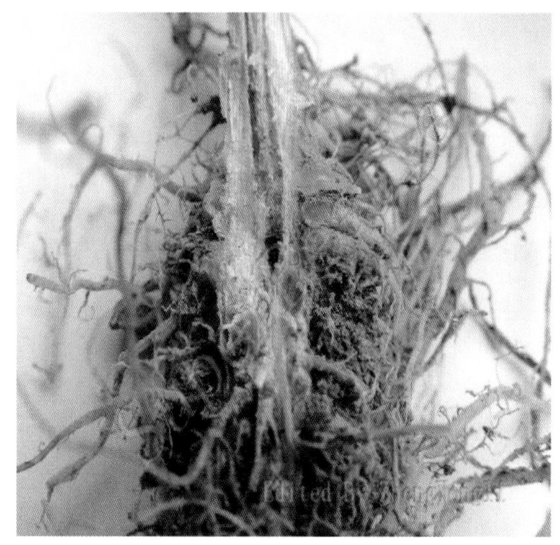

图1-34　发病植株根部腐烂并产生胶质

（1）嫁接苗移栽时不要栽培过深。在生长前期要做好清根工作，防止黄瓜产生不定根扎入土壤，一旦发病要及时采取清理断根（黄瓜根）手术。

（2）加强栽培管理。结果期小水勤浇，浇水以上午为宜，浇后应闭棚，增温后再放风。发现中心病株及时拔除，掐叶和卷须及打顶等可使植株体受伤的作业要选晴天温度高时进行，以便伤口尽快愈合，发现食叶甲虫要及时除治。

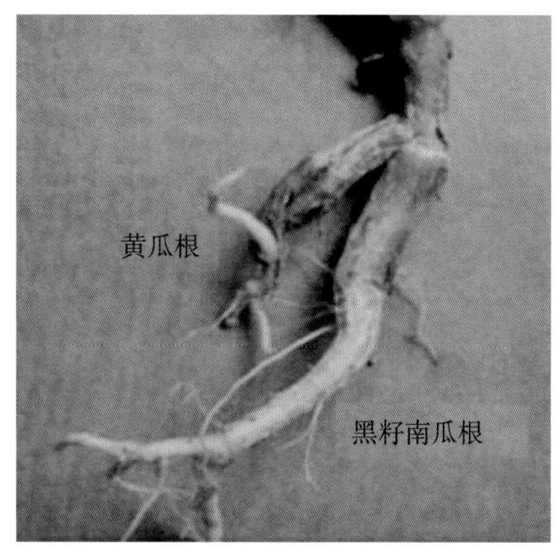


图1-35　嫁接后忽略黄瓜断基，引发枯萎病

（3）土壤处理。嫁接苗移栽前，用农用“金微”微生物菌剂50kg/亩，采取沟施和穴施的办法把微生物菌剂提前施入土壤中，当土壤中有益微生物富余时，枯萎病发生率可大大降低。

（4）药剂防治。应掌握早期用药，以防为主。发病初期喷施50%醚菌酯（翠贝）干

悬浮剂3 000倍液或60%唑醚代森联（百泰）水分散粒剂2 000倍液或25%吡唑醚菌酯（凯泽）乳油3 000倍液或50%咪鲜胺锰盐（施保功）可湿性粉剂500倍液或10%苯醚甲环唑可分散粒剂2 000倍液等，分别掺加叶面肥“天达-2116”600倍+天达有机硅2 000倍液喷雾，每7～10天1次，连续喷施2～3次。

灌根：可用12%的绿乳铜或50%琥胶肥酸铜可湿性粉剂对水350～400倍液，每株灌药水300g，5～10天灌1次，连灌2～3次。也可用多用途微生物肥“金微”多用途300倍液等灌根。

## （六）黄瓜蔓枯病

【为害与诊断】黄瓜蔓枯病又称“蔓割病”，常造成20%～30%的减产。

黄瓜蔓枯病在病部产生小黑点为主要诊断识别特征。茎部发病后表皮易撕裂，引起瓜秧枯死，但维管束不变色，也不为害根部，可与枯萎病相区别。

黄瓜叶片、茎蔓、瓜条及卷须等地上部分均可受害，主要为害叶片和茎蔓。叶片染病，多从叶缘开始发病，形成黄褐色至褐色“V”字形病斑，其上密生小黑点，干燥后易破碎（图1-36）。

图1-36　黄瓜蔓枯病，叶部症状

茎蔓染病，主要在茎基和茎节等部位，初始产生油浸状小病斑，逐渐扩大后往往围绕茎蔓半周至一周，纵向可长达十几厘米，病部密生小黑点，后期病斑变成黄褐色。田间湿度大时，病部常流出琥珀色胶质物，干燥后纵裂，造成病部以上茎叶枯萎（图1-37至图1-39）。

图1-37　黄瓜蔓枯病，茎部发病初期症状

图1-38 黄瓜蔓枯病茎部发病中期症状

图1-39 黄瓜蔓枯病，茎蔓发病部位常流出琥珀色胶质物

【发病条件】黄瓜蔓枯病为真菌性病害，带菌种子可随种子调运做远距离传播。平均气温18～25℃，相对湿度高于85%时易发病。田间高温多雨发病重。保护地适温高湿，通风不良利于发病。

【绿色防控】黄瓜蔓枯病一旦发生较难治愈，预防是关键，从苗期就要做起。

（1）种子处理。播种前用40%甲醛100倍液浸种30min，用清水冲洗后催芽播种；或55℃温水浸种15min，催芽播种。大田直播种子可用种子重量0.3%的50%福美双可湿性粉剂拌种。

（2）加强管理。实行2～3年非瓜类作物轮作，并作高畦地膜栽培。施足充分腐熟有机肥，增施磷、钾肥。适时追肥，以防中后期脱肥。保护地加强通风透光，减少棚室内湿度和滴水，畦面保持半干状态。露地栽培防止大水漫灌，水面不超过畦面。发病后适当控制浇水。

（3）药剂防治。发病初期及时用药，可用80%大生M-45可湿性粉剂600倍液或28%三环·咪酰胺（易斑净）可湿性粉剂1 250倍液或50%咪酰胺锰盐（施保功）可湿性粉剂2 000倍液或70%代森联（品润）干悬浮剂500倍液或70%甲基托布津可湿性粉剂800～1 000倍液或50%多菌灵可湿性粉剂500～600倍液进行全株喷雾，连续施药2～3次。

小经验：发病初期削除茎部病斑，其上涂抹25%多菌灵可湿性粉剂10倍液，有良好的治疗效果。

## （七）黄瓜疫病

【为害与诊断】黄瓜疫病俗称“死藤”“烂蔓”“卡脖子”，在雨季或浇水时蔓延很快，保护地常常在春季黄瓜结果盛期发病，减产达30%左右，损失严重。

图1-40　黄瓜疫病嫩茎生长点呈秃尖状

黄瓜疫病诊断的典型症状是呈暗绿色水渍状软腐，叶片枯死。

苗期、成株期均可发病，主要为害叶片、茎和果实。苗期发病，多从嫩茎生长点上发生，初期呈现水渍状萎蔫，最后干枯呈秃尖状。叶片上产生圆形或不规则形，暗绿色的水渍状病斑，边缘不明显，扩展很快，湿度大时腐烂，干燥时呈青白色，易破碎。茎基部也易感病，造成幼苗死亡（图1-40、图1-41）。

成株期发病，主要在茎基部或嫩茎节部发病，先呈水渍状暗绿色，病部软化缢缩，其上部叶片逐渐萎蔫下垂，以后全株枯死（图1-42）。

图1-41　黄瓜疫病叶片水烫伤病斑

图1-42　黄瓜疫病茎节发病症状

瓜条发病时，形成暗绿色圆形凹陷的水浸状病斑，很快扩展到全果，病果皱缩软腐，表面长出灰白色稀疏的霉状物（图1-43）。

【发病条件】黄瓜疫病是真菌引起的土传病害，发病适温为28～30℃，土壤水分是影响此病流行程度的重要因素。温度25℃左右，在有水滴存在的条件下，病菌侵染循环1次只需要20～25h。

图1-43　黄瓜疫病瓜条发病症状

【绿色防控】

（1）农业防治。选用云南黑籽南瓜作砧木，进行嫁接育苗。采用高畦栽培，覆盖地膜，避免大水漫灌，雨季要及时排出田间积水，发现中心病株后及时拔除。

（2）种子和土壤消毒。用72.2%霜霉威盐酸盐（普力克）水剂600倍液、64%噁霜·锰锌（杀毒矾）可湿性粉剂800倍液，或用25%甲霜灵可湿性粉剂800倍液浸种30min后催芽。苗床用25%甲霜灵可湿性粉剂8g/m$^2$与土拌匀撒在苗床上，保护地于定植前用25%甲霜灵可湿性粉剂750倍液喷淋地面。

（3）药剂防治。于发病初期选用68.75%氟菌·霜霉威(银法利)悬浮剂600～800倍液，或用50%烯酰吗啉（安克）可湿性粉剂2 500倍液，或用25%醚菌酯（阿米西达）悬浮剂1 000～1 500倍液，或用69%精甲霜·锰锌（金雷）水分散粒剂600～800倍液，或用72.2%霜霉威盐酸盐（普力克）水溶性液剂800倍液，或用70%代联森（品润）干悬浮剂500倍液，或用52.5%噁酮·霜脲氰（抑快净）水分散剂3 000倍液等喷雾，每隔7～10天1次，连续防治3～4次，注意交替使用。露地黄瓜疫病的关键是从雨季到来前一周开始喷药。

小经验：在发病前用70%代森锰锌可湿性粉剂500倍液或1：0.8：200倍的波尔多液喷雾保护，防效很好。

## 二、南　瓜

南瓜一般抗病性较强，在过去很少发生病虫害现象。近年来，随着南瓜籽、南瓜粉、南瓜饮料等南瓜系列产品的相继开发，一些地方南瓜连年大面积种植，为病害发生提供了有利的条件，使病害逐年加重，最常见的病害有白粉病、疫病、炭疽病、枯萎病等。

### （一）南瓜白粉病

【为害与诊断】南瓜白粉病是南瓜发生最普遍而严重的一个病害，南瓜是瓜类白粉病中受害最大的一种瓜类。

南瓜白粉病主要侵染叶片，叶柄、茎蔓也常受害，果实受害较少。发病初期，叶片的正面或背面长出小圆形白色粉状霉点，不久逐渐扩大成较大的白色粉状霉斑，以后蔓延到叶柄和茎蔓甚至嫩果实上。严重时整个植株叶片被白色粉状霉层所覆盖，叶发黄变褐，质地变脆，影响南瓜结实（图1-44至图1-48）。

图1-44　南瓜白粉病发病中期叶面症状

图1-45　南瓜白粉病叶片正面典型病斑

图1-46　南瓜白粉病中期

图1-47　南瓜白粉病侵染叶柄

图1-48　南瓜白粉病发病末期叶组织变为褐色而枯死

【发病条件】南瓜白粉病在高温高湿与高温干燥交替出现时发病达到高峰，同时在尿素等氮肥施用较多、种植过密、潮湿的田块容易发病或发病较重。

【绿色防控】

方法参见黄瓜白粉病。

## （二）南瓜疫病

【为害与诊断】南瓜疫病为害严重，难以防治，可导致植株死亡、果实腐烂，已成为南瓜生产的最重要的病害之一，具有毁灭性。

南瓜疫病主要为害南瓜根茎部，还可为害叶片、茎蔓和果实。

根茎部染病，初始产生暗绿色水渍状病斑，病斑迅速扩展、茎呈软腐状，有时长达10cm以上，植株萎蔫、青枯而死亡，但维管束不变色。

幼苗染病，多始于嫩尖，产生水渍状病斑，病情发展较快，萎蔫枯死，但不倒伏。

图1-49　南瓜疫病侵染叶片

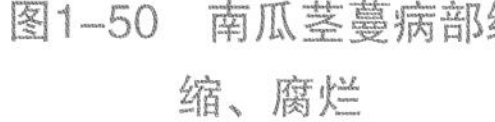

图1-50　南瓜茎蔓病部缢缩、腐烂

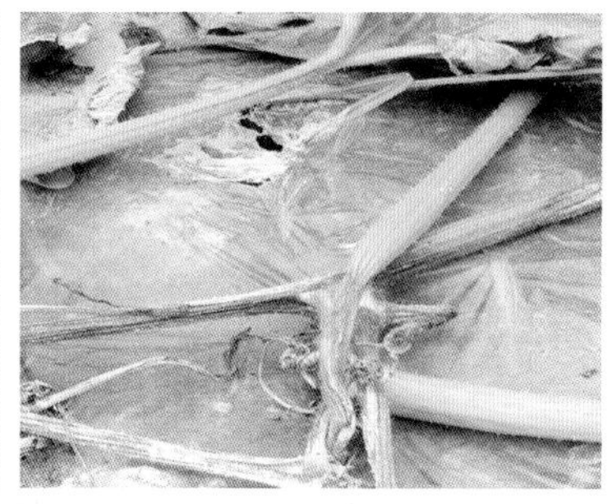

图1-51　南瓜疾病侵染茎蔓形成“节节烂”

图1-52　南瓜疫病田间症状

叶片染病，初始产生暗绿色水浸状斑点，扩展为近圆形或不规则大型黄褐色病斑；天气潮湿时全叶腐烂，并产生白色霉层；干燥时病斑极易破裂（图1-49）。

茎染病，多在近地面茎基部开始，初始呈暗绿色水渍状斑病部缢缩，成株期往往有几处节受害，俗称“节节烂”（图1-50、图1-51、图1-52）。

南瓜果实染病，初始出现水渍状浅褐色小斑，潮湿时病斑凹陷，并长出一层稀疏的白色霉状物，以后软化腐烂，迅速向各方向扩展，在病部产生白色霉层，最终导致病瓜局部或全部腐烂（图1-53）。

图1-53　南瓜疫病果实染病，病部软化腐烂

【发病条件】病菌发育的适宜温度范围很广，在5～37℃，最适温度为28～30℃，高湿是发病的决定性因素。雷雨过后，田间积水不能及时排出易诱发此病。

【绿色防控】

方法参见黄瓜疫病。

### （三）南瓜炭疽病

【为害与诊断】炭疽病是南瓜上的主要病害，在南瓜生长各阶段均可发病，严重降低南瓜产量。

南瓜炭疽病主要为害叶片，也侵染果实。受害叶片，初为油渍状小斑点，后扩大成暗褐色，圆形或长椭圆形斑；稍凹陷，边缘明显，高温高湿时，病斑上产生粉红色黏稠状物（图1-54）。

果实病斑初呈暗绿色水浸状小斑点，扩大后呈圆形或椭圆形，暗褐至黑褐色，凹陷，龟裂，湿度大时中部产生红色黏质物（图1-55）。

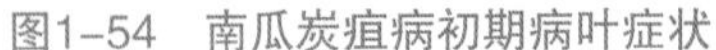
图1-54 南瓜炭疽病初期病叶症状

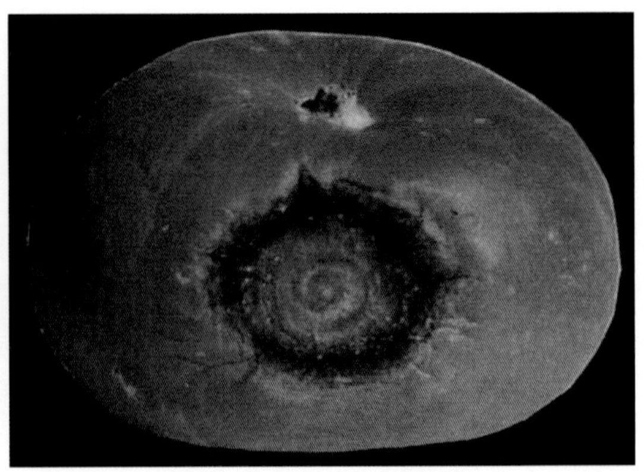

图1-55 南瓜炭疽病病瓜

【发病条件】湿度大是诱发此病的主要因素：在温度适宜、空气相对湿度达85%～95%时，病菌潜育期只有3天，温度在10～30℃范围内都可发病，最适是20～24℃，湿度越大，发病越重。

【绿色防控】

（1）农业防治。消除越冬菌源，调节土壤酸碱度。每亩用生石灰100kg进行灌水溶田20～30天，然后进行冬翻晒白待种，从而达到消除菌源，调节土壤酸碱度。选用抗病品种或进行种子消毒。将种子用55～60℃热水浸种15min，然后倒入凉水冷却，或用4%福尔马林200倍液浸种30min后清洗、催芽，从而减少初侵染源。

（2）药剂防治。根据常年发病时期提前3～5天喷药防治，可用50%多菌灵可湿性粉剂（防霉宝）、70%甲基硫菌灵（甲基托布津）粉剂1 000～1 500倍液、75%百菌清（达科宁）可湿性粉剂500～600倍液喷施，每隔7～10天喷1次，连续2～3次，可预防病害发生。

小经验：结合浇定根水，用70%敌克松可湿性粉剂1 000倍液灌根，进行土壤消毒。

## （四）南瓜枯萎病

【为害与诊断】南瓜枯萎病，又名萎蔫病、蔓割病等，为南瓜种植过程中常见的病害之一。常导致减产并造成严重的损失，是南瓜生产上急需解决的重要问题。

南瓜枯萎病典型症状是萎蔫。先从接近地面的茎基部叶片开始发病，萎蔫叶自下而上不断增多，渐及全株。茎基部呈水浸状，软化缢缩，逐渐干枯，表皮纵裂如麻，植株枯死（图1-56至图1-58）。

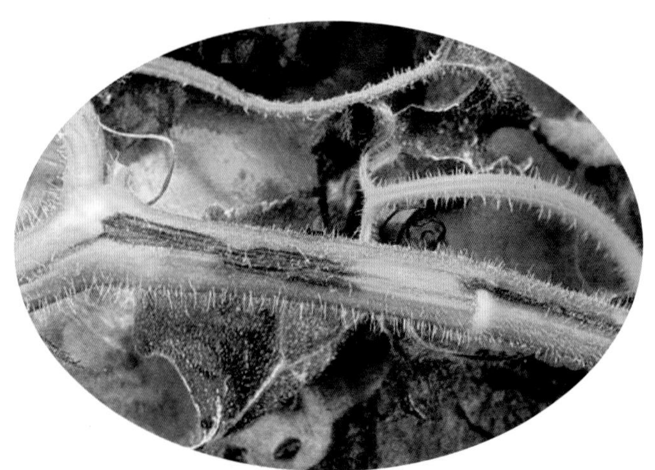

图1-56 南瓜枯萎病病茎症状

图1-57 南瓜枯萎病病株

图1-58 南瓜枯萎病病果

【发病条件】病菌在土壤积水阴湿，空气相对湿度超过90%时容易发病。土壤中有线虫时，会降低南瓜植株抗病能力，并会造成伤口，有利于枯萎病菌的侵入。生产上连作、有机肥不腐熟、土壤过分干旱或质地黏重的酸性土是引起该病发生的主要条件。

【绿色防控】

（1）农业防治。选用无病新土育苗，采用营养钵或塑料套分苗。改传统的土方育苗为营养钵育苗。加强栽培管理。避免大水漫灌，适当多中耕；结瓜期应分期施肥，切忌用未腐熟的人粪尿追肥。

（2）药剂防治。发病初期用50%多菌灵（防霉宝）可湿性粉剂500倍液或50%甲基硫菌灵（甲基托布津）可湿性粉剂400倍液或0.3%硫酸铜（蓝矾）溶液；或用800～1 500倍高锰酸钾或20%甲基立枯磷乳油（利克菌）1 000倍液等药剂灌根，每株0.25kg，5～7天1次，连灌2～3次，灌根时加0.2%磷酸二氢钾效果更好。

小经验：用70%敌磺钠（敌克松）可湿性粉剂10g，加面粉20g，对水调成糊状，涂抹病茎，可防止病茎开裂。

## 三、苦 瓜

苦瓜富含丰富的营养物质，清新宜人，脆嫩可口，很受人们喜爱。苦瓜在种植时，比较容易发生病害，常见的白斑病、叶枯病、枯萎病、蔓枯病等。

### （一）苦瓜白斑病

【为害与诊断】苦瓜白斑病是苦瓜常见的一种病害，主要为害苦瓜的叶片，在叶片上形成病斑，对其生长造成不小的为害。苦瓜白斑病早期出现褪绿变黄的圆型小斑点，逐步扩展成近圆形或不规则形灰褐色至褐色病斑，边缘较明显。病斑中间灰白色，多角形或不规则状，上生稀疏浅黑色霉状物，在潮湿时易看见。诊断显著特征是常常造成病斑穿孔（图1-59至图1-61）。

图1-59　苦瓜白斑病早期病叶正面

图1-60　苦瓜白斑病早期病叶背面

【发病条件】高温多雨季节、缺乏有机肥、偏施化肥过多、土壤板结的瓜田发病较严重。

【绿色防控】

（1）农业防治。搞好田间清洁，清除消毁病残株，减少田间病源积累；施足有机肥，改良土质，增强肥力，保证苦瓜根深株壮，提高抗病力。

小经验：在苦瓜第一轮结瓜时及时追肥，保证营养生长和生殖生长同时获得足够营养，追施绿芬威、百施利或绿丰素等叶面肥补充必要的微量元素，并适当疏摘侧芽，保证新芽枝叶能够叶厚色绿。

图1-61　苦瓜白斑病病斑穿孔

（2）药剂防治。发病初期，及时喷洒50%多菌灵·万霉灵可湿性粉剂1 000倍液或50%苯菌灵（苯来特）可湿性粉剂1 500倍液或50%多·硫悬浮剂600倍液，喷对好的药液50L/亩，隔10天左右1次，连续防治2～3次。采收前5天停止用药。

## （二）苦瓜叶枯病

【为害与诊断】苦瓜叶枯病在北方发生严重，主要为害叶片，尤其进入7、8月。高温季节后或反季节栽培的苦瓜易发病。

苦瓜叶枯病初期在叶面现圆形至不规则形褐色至暗褐色轮纹斑，后扩大，病情严重的，病斑融合成片，致叶片干枯（图1-62、图1-63）。

图1-62　苦瓜叶枯病病叶正面

【发病条件】雨日多，雨量大，气温

14～36℃，相对湿度高于90%易发病。连作地，偏施氮肥，排水不良，湿气滞留发病重。

【绿色防控】

（1）农业防治。选用无病种瓜留种，选用抗病耐热品种；施用沤制的堆肥或充分腐熟有机肥，叶面喷施光合营养膜肥提高抗病力；严防大水漫灌。

图1-63　苦瓜叶枯病严重病叶

（2）药剂防治。露地发病初期喷洒75%百菌清（达科宁）可湿性粉剂600倍液或70%代森锰锌（大生）可湿性粉剂400～500倍液或80%代森锰锌（大生）可湿性粉剂600倍液。喷药掌握在发病前开始，每亩喷对好的药液60L，隔7～10天1次，连续防治3～4次。采收前7天停止用药。

（3）生态防治。棚室发病初期采用粉尘法或烟雾法。

小经验：喷药后4h遇雨，应补喷，生产中雨后及时喷药可减轻为害。

## （三）苦瓜枯萎病

【为害与诊断】苦瓜枯萎病，俗称蔓割病、萎蔫病，是苦瓜的主要病害之一，在老菜区或重茬瓜田发生严重。一般田间病株率8%～15%，个别地块或棚室病株率可达70%以上，严重影响苦瓜生产。

苦瓜枯萎病幼苗发病，茎基部变褐色缢缩，叶片萎蔫下垂，严重时猝倒死亡。成株发病，病株生长缓慢，中午萎蔫，早晚恢复，持续几天后，全株萎蔫枯死（图1-64、图1-65）。

图1-64　苦瓜枯萎病植株及病叶

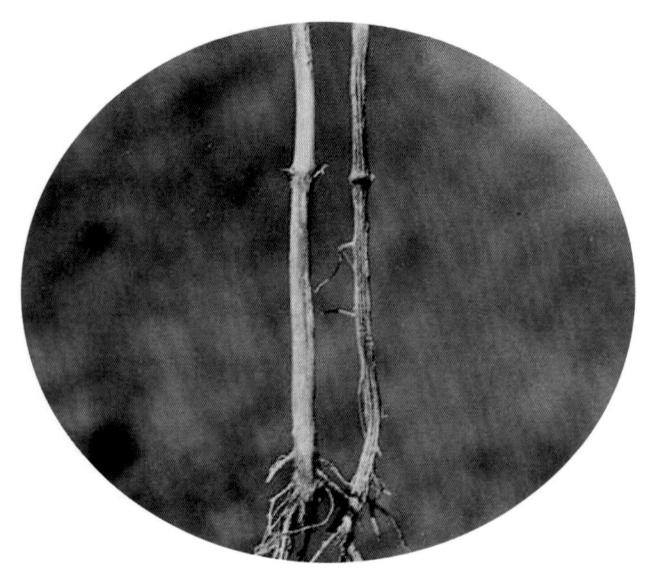

图1-65　苦瓜枯萎病病茎、病根

【发病条件】病菌生长最适温度为28～32℃，土温达到24～32℃时发病很快。凡重茬、地势低洼、排水不良、施氮肥过或肥料不腐熟，土壤酸性的地块，病害均重。

【绿色防控】

（1）农业防治。选用穗新2号、夏丰2号、夏雷苦瓜、成都大白苦瓜等抗枯萎病的品种；严格避免与瓜类蔬菜连作，实行3～4年以上的轮作；播种前严格种子消毒。

小经验：及时拔除病株。注意观察，发现病株则连根带土铲除销毁，并撒石灰于病穴，防止扩散蔓延。

（2）药剂防治。病害开始发生时，速将病株拔除，同时喷75%百菌清（达科宁）500～800倍液，或用50%多菌灵（防霉宝）500～600倍液，或用70%敌磺钠（敌克松）原粉500倍～800倍液，每隔7～10天喷1次，连续3～4次。

小提醒：每次把药液喷在植株下半段的茎蔓上，以喷至叶片至湿不滴水为度，能收到较好的效果。

易发病区可采用下列药剂进行灌根：用20%甲基立枯灵1 000倍液灌根或70%甲基硫菌灵可湿性粉剂600倍液+30%恶霉灵水剂2 000倍液，每株灌200ml，视病情隔7～10天灌1次，可以控制病情发展。

## （四）苦瓜蔓枯病

【为害与诊断】苦瓜蔓枯病是苦瓜的主要病害，主要发生在春、秋季。病株率一般10%～40%，产量损失5%～10%，发病严重可损失30%～60%。

苦瓜蔓枯病叶斑较大，圆形至椭圆形或不规则形，灰褐至黄褐色。茎蔓病斑多为长条不规则形，浅灰褐色。染病瓜条组织变糟，易开裂腐烂。在诊断蔓枯病上茎部发病引起瓜秧枯死，但维管束不变色，这是与枯萎病的区别（图1-66、图1-67）。

图1-66　苦瓜蔓枯病病叶

图1-67　苦瓜蔓枯病病茎

【发病条件】气温20～25℃，相对湿度高于85%，土壤湿度大易发病。高温多雨，种植过密，通风不良的连作地易发病，北方或反季节栽培发病重。近年蔓枯病有日趋严重之势，生产上应注意防治。

【绿色防控】

（1）农业防治。选用无病种子，使用消毒剂进行浸泡，以减少种子带菌率；选用丝瓜作砧木，用舌接法将苦瓜嫁接到丝瓜上，使用新高脂膜涂抹嫁接口，以防病菌侵染，促进伤口愈合快，可有效减少苦瓜蔓枯病为害；实行2～3年与非瓜类作物轮作，拉秧后应彻底消除作物的枯枝落叶及残体。

注意：生长期要加强管理，注意放风，浇水后避免闷棚。

（2）药剂防治。发病初期，可选用70%甲基硫酸灵（甲基托布津）可湿性粉剂600倍液或75%百菌清（达科宁）可湿性粉剂600倍液或60%多菌灵（防霉宝）超微可湿性粉剂800倍液喷雾。也可用5%百菌清（达科宁）粉尘剂或5%春雷氧氯铜（加瑞农）粉尘剂，每亩用药1kg于早晨或傍晚喷粉。隔7～10天喷1次，喷药次数视病情而定。

## 四、丝　瓜

丝瓜是葫芦科的丝瓜属一年生攀援性草本植物，是深受人们喜爱的一种优质蔬菜。丝瓜的主要病害包括丝瓜蔓枯病、白粉病、霜霉病等。

### （一）丝瓜蔓枯病

【为害与诊断】丝瓜蔓枯病是一种为害严重的常发性病害，可造成大量死藤，烂叶等，若不及时防治，减产可达20%～30%。

丝瓜蔓枯病主要为害茎蔓，也可为害叶片和果实。叶片发病，病斑多自叶缘呈“V”

字形向内发展，其上密生小黑点，病斑常破裂。茎蔓染病多发生在基部分枝处或近节处，病部首先出现灰褐色不规则形病斑，后病斑纵向蔓延，后期病部密生小黑点，有时还可溢出琥珀色胶状物，最终致茎蔓枯死。丝瓜结果后，蔓枯病可从其花器中部侵染，花柱头变黑，伴随有腐烂出现，果实尖端可出现腐烂（图1-68至图1-71）。

图1-68 丝瓜蔓枯病病叶

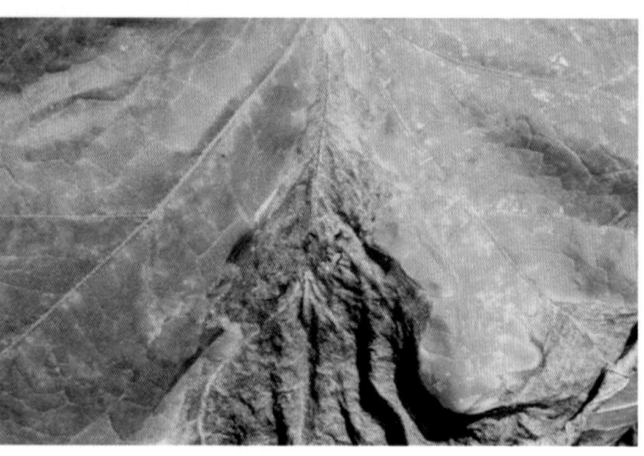

图1-69 丝瓜蔓枯病病叶

图1-70 丝瓜蔓枯病病茎

图1-71 丝瓜蔓枯病病果

【发病条件】病菌喜温、湿条件，温度20～25℃，相对湿度85%以上，土壤湿度大，易于发病。

【绿色防控】

参见苦瓜蔓枯病。

### （二）丝瓜白粉病

【为害与诊断】丝瓜白粉病在种植丝瓜的过程中十分常见，这种病害主要为害叶、叶柄和茎。叶片正背面初生圆形或不规则白粉斑，后来连片，叶片变黄、干枯。发病初期，不易发觉，严重后防治困难，影响产量（图1-72至图1-74）。

【发病条件】在10～25℃时即可发生，湿度大，温度较高，利其侵入和扩展，尤其是高温干旱和高温高湿条件交替出现，更有利于该病流行。

【绿色防控】

（1）农业防治。种子消毒：播前先在阳光下晒种1～2天，以杀灭表皮杂菌，提高发芽势，用50～55℃温水搅拌浸种30min；加强管理：及时摘除基部病、老黄叶，并深埋或

集中烧毁。加强田间通风透光，增强植株抗逆性；最好与禾本科作物实行2～3年轮作，亩施充分腐熟的农家肥5 000～7 000kg、三元复合肥40kg；保持土壤湿润，雨后及时清沟排水。

图1-72 丝瓜白粉病中期病叶

图1-73 丝瓜白粉病后期病叶

（2）药剂防治。在发病初期及时喷药防治，药剂可选用10%噁醚唑（世高）水分散粒1 500倍液或15%三唑酮（粉锈宁）可湿性粉剂1 500倍液，2%农抗武夷菌素水剂200倍液进行防治，每7～10天1次，连续2～3次，注意交替使用。

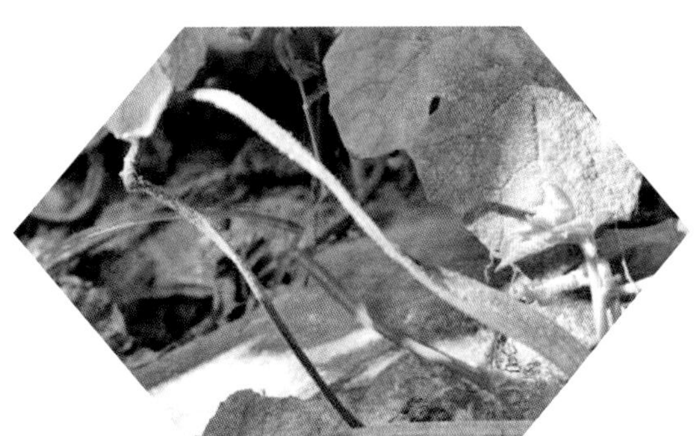
图1-74 丝瓜白粉病病茎、病叶

## （三）丝瓜霜霉病

【为害与诊断】丝瓜霜霉病给丝瓜的生长带来很大的伤害，在丝瓜的生长周期内要注意防治。

丝瓜霜霉病主要为害叶片，病叶先出现不规则淡黄色至鲜黄色病斑，后扩大为多角型黄褐病斑，潮湿时病斑背面出现紫黑色霉层，后期病斑连成片，叶片枯死，严重减产（图1-75、图1-76）。

图1-75 丝瓜霜霉病病叶

图1-76 丝瓜霜霉病病株

【发病条件】在田间，病菌借风雨传播。低温阴雨，空气湿度大，昼夜温差大，田间排水不良，均有利于发病。结瓜期阴雨连绵或湿度大发病重。

【绿色防控】

（1）农业防治。选择抗病性强的优良品种栽培；重施农家肥，提高植株抗病力。适量灌水，保证充足的水肥供应，以提高植株抗病力、降低霜霉病侵染几率；适时引蔓整枝，提高田间通透性、保证植株间通风透光性良好。

（2）药剂防治。发病初期可选喷50%甲霜铜可湿性粉剂500～600倍液、72%霜脲锰锌（克露）可湿性粉剂600～750倍液、64%噁霜锰锌（杀毒矾）可湿性粉剂600倍液、50%烯酰吗啉（安克）可湿性粉剂1 200～1 500倍液。以上药剂可轮换施用。

## （四）丝瓜疫病

【为害与诊断】丝瓜疫病一般在植株结瓜初期发生，果实膨大期为发病高峰期，主要为害果实，有时茎蔓及叶也受害。瓜条染病形成近圆形稍凹陷的水渍状病斑，后逐渐扩展到整个瓜条，致病瓜皱缩软腐，表面长出霉状物（图1-77、图1-78）。

图1-77　丝瓜疫病病叶

图1-78　丝瓜疫病病果

【发病条件】病菌借助灌溉水和雨水传播，一般进入雨季开始发病，遇有大暴雨迅速扩展蔓延或造成流行。采用平畦栽培易发病，长期大水漫灌、浇水次数多、水量大发病重。

【绿色防控】

（1）农业防治。选用抗病品种，实行2～3年轮作；施足充分腐熟的农家肥，增施磷钾肥，适当控制氮肥用量，采用配方施肥技术；采用高畦地膜覆盖栽培，排水防渍，及时中耕，整蔓，摘除病果、病叶、老叶，发现病株及时清理深埋。

（2）药剂防治。中心病株出现后及时喷洒72%霜脲锰锌（克露）可湿性粉剂600倍液或25%甲霜灵可湿性粉剂1 000倍液或70%乙磷锰锌可湿性粉剂500倍液，每7天左右喷1次，视病情防治2～3次。

### （五）丝瓜病毒病

【为害与诊断】

丝瓜病毒病严重时，病株率能达到100%，产量和产值都明显下降，损失严重，对菜农种植丝瓜的积极性造成了严重的挫伤。

丝瓜病毒病幼嫩叶片呈深绿与浅绿相间的斑驳或褪绿小环斑，老叶上为黄绿相间的花叶或黄色环斑，叶脉抽缩而使叶片畸形，缺刻加深，后期老叶产生枯死斑。瓜条染病变细小且呈螺旋状扭曲畸形，并有褪绿斑（图1-79、图1-80）。

图1-79　丝瓜病毒病叶片症状

图1-80　丝瓜病毒病瓜条染病症状

【发病条件】该病除蚜虫传毒外，接触摩擦也可传毒，天气干旱高温，有利于蚜虫发生，病毒病发生重。同时，种子带毒也会传播病毒病。

【绿色防控】

（1）农业防治。防治害虫：及时防治蚜虫、温室白粉虱等传毒媒介；种子消毒：可用10%磷酸三钠、氢氧化钠、高锰酸钾等在播种前浸种20～30min，浸种后用清水清洗种子后再播种。

（2）药剂防治。苗期用20%盐酸吗啉胍·铜（病毒A）500倍液加1.5%植病灵1 000倍液喷雾，每5～7天1次，连喷3～5次。发病初期定期叶面喷病毒A、抗毒剂1号、病毒灵、植病灵等药剂。也可用抗病威（病毒K）3 000倍液磨根。

小经验：苗期是病毒病的易发期，应在嫁接前向叶面喷83增抗剂100倍液，增强丝瓜苗的抗病毒能力。

## 五、番　茄

番茄是一种含有多种维生素和营养成分的蔬菜，深受人们的喜爱，但病害较多，有20多种，为害普遍而严重的有早疫病、晚疫病、病毒病、灰霉病、软腐病、炭疽病等。

### （一）番茄早疫病

【为害与诊断】番茄早疫病，又称“轮纹病”，是番茄的重要病害之一。从苗期到成

株期均可发病，主要为害番茄、茄子、辣椒等茄科蔬菜作物和马铃薯。在诊断中重点在叶片和果实。其最主要特征是不论发生在果实、叶片或主茎上的病斑，都有明显的轮纹。果实病斑常在果蒂附近，茎部病斑常在分杈处，叶部病斑发生在叶肉上（图1-81至图1-86）。

图1-81　番茄早疫病叶片正面发病症状

图1-82　番茄早疫病叶片背面发病症状

图1-83　番茄早疫病轮纹状病斑及黑色小点

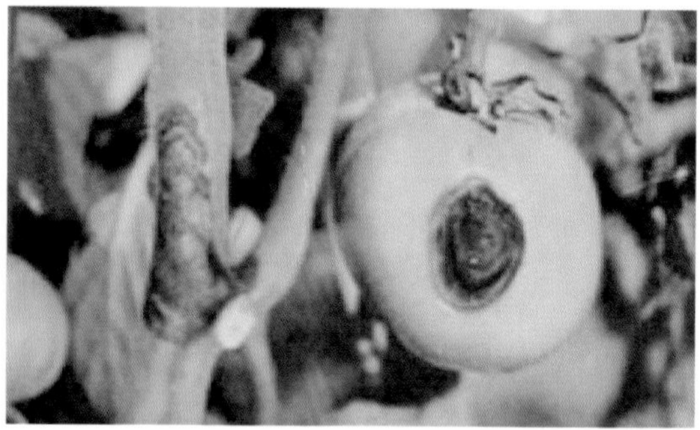

图1-84　番茄早疫病病茎、病果明显的轮纹

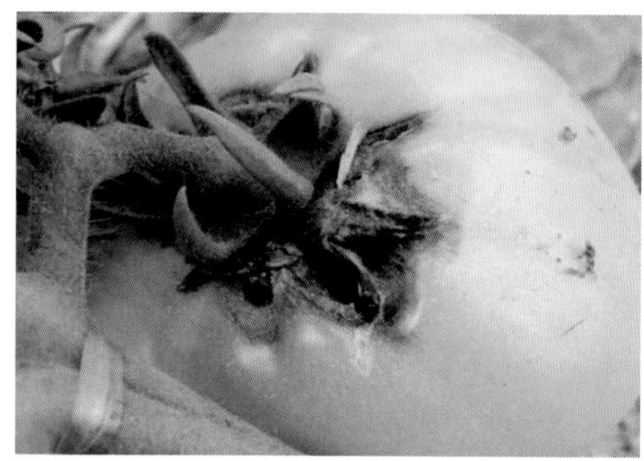

图1-85　番茄早疫病的青果果蒂发病症状

图1-86　番茄早疫病发病严重导致拉秧

【发病条件】番茄早疫病发病条件是高温高湿，在气温20～25℃，相对湿度80%以上或阴雨天气，病害易流行。重茬地、低洼地、瘠薄地、浇水过多或通风不良地块发病较重。

【绿色防控】

（1）农业防治。种子的处理，在播前用52℃温水、自然降温处理30min，然后冷水浸

种催芽。培育壮苗，要调节好苗床的温度和湿度，两叶一心时进行分苗，谨防苗子徒长。

（2）生态防治。加强田间管理，温室内要控制好温度和湿度，加强通风透光管理。结果期要定期摘除下部病叶，深埋或烧毁，以减少传病的机会。棚室放风时风口要由小到大，冬季一般不能放腰风，更不能放底风，只能放顶风，保持24℃左右。

（3）药剂防治。主要药剂有：氟硅唑（福星）、腈菌唑（信生）、苯醚甲环唑（世泽）、丙环唑、恶霜灵锰锌（杀毒矾）、代森锰锌、氢氧化铜（可杀得）、春雷霉素·王铜（加瑞农）、代森联（品润）等。5～7天喷1次，连喷2～3次。在棚室中我们同时可采用烟剂熏蒸、粉尘法防治。防治早疫病可用10%百菌清烟剂，或用5%百菌清粉尘剂。

推荐：如果以上药剂产生抗药性，推荐70%丙森锌（安泰生）可湿性粉剂200～400倍液、苯醚甲环唑（世高）1 500倍液、嘧菌酯（阿米西达）1 500倍液，效果不错。

### （二）番茄晚疫病

【为害与诊断】番茄晚疫病，又称“番茄疫病”，如果防治不及时轻者减产20%以上，重者可导致绝收。

此病主要为害叶片和果实，也能为害茎和叶柄，诊断以叶片和果实为主。病斑大多先从叶尖或叶缘开始，初为水浸状褪绿斑，后渐扩大，湿度大时病斑迅速扩大，并沿叶脉侵入到叶柄及茎部，形成褐色条斑。最后植株叶片边缘长出一圈白霉，雨后或有露水的早晨叶背上最明显，湿度特别大时叶正面也能产生。天气干旱时病斑干枯成褐色，叶背无白霉，质脆易裂，扩展慢。茎部皮层形成长短不一的褐色条斑，在潮湿的环境下长出稀疏的白色霜状霉。发病严重时造成茎部腐烂、植株萎蔫和果实变褐色（图1-87至图1-92）。

图1-87　晚疫病叶片受为害症状

图1-88　晚疫病发病严重时症状

【发病条件】番茄晚疫病由真菌引起的病害，病菌主要靠气流、雨水和灌溉水传播，病菌发育的适宜温度为18～20℃，最适相对湿度95%以上。多雨低温天气，露水大，早晚多雾，病害即有可能流行。

【绿色防控】

（1）农业防治。与非茄科类蔬菜进行3年以上的轮作，选择地势高燥、排灌方便的地块种植，培育无病壮苗，合理密植。切忌大水漫灌，雨后及时排水。及时除去病叶、病枝、病果或整个病株，在远离田块的地方深埋或烧毁。

（2）生态防治。发病初期适当控制浇水，降低空气湿度。加强通风透光，保护地栽培时要及时放风，避免植株叶面结露或出现水膜，以减轻发病程度。增施有机底肥，注意氮、磷、钾肥合理搭配。

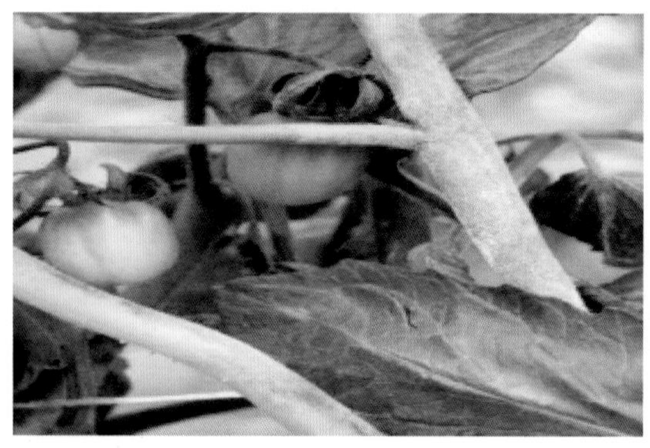

图1-89　晚疫病茎受为害症状

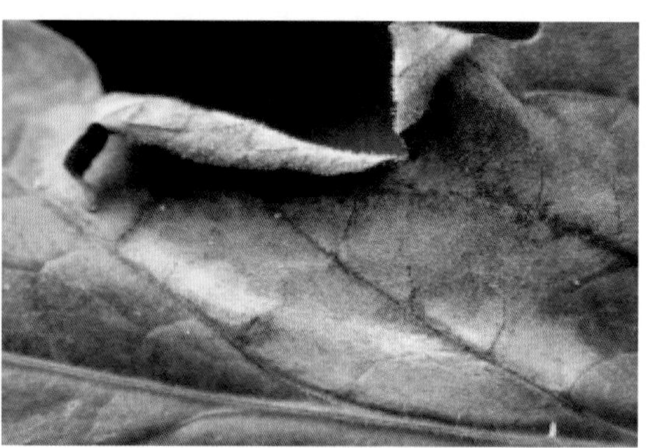

图1-90　病叶正面白色霜状霉

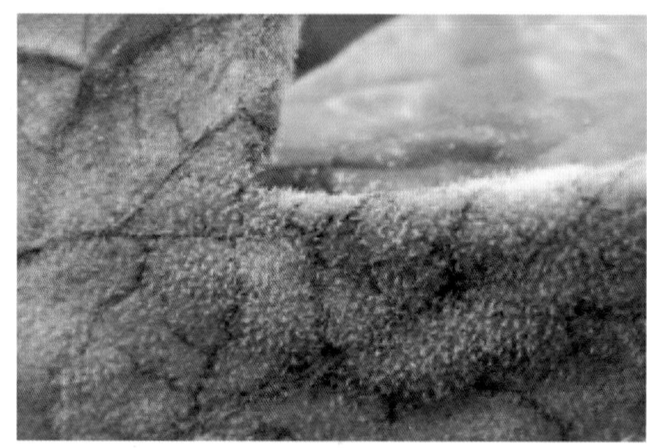

图1-91　病叶背面白色霜状霉

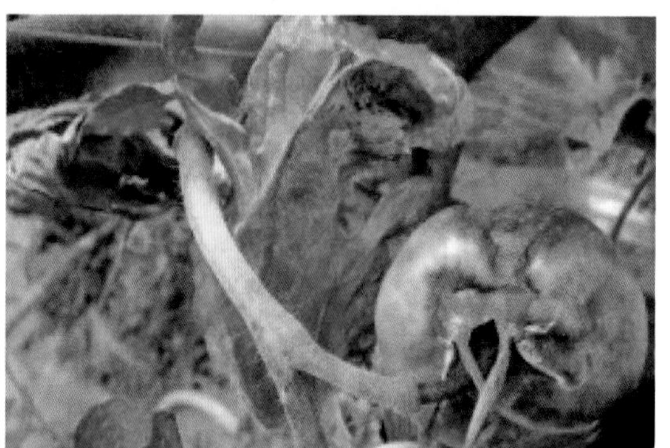

图1-92　晚疫病发病严重时果实受害症状

（3）药剂防治。初期用72%的霜脲氰·锰锌（霜霉疫净）可湿性粉剂，稀释800～1 000倍的农药进行喷雾，每隔7～10天喷1次农药，连续3～4次。也可用75%百菌清可湿性粉剂700倍液、25%甲霜灵可湿性粉剂600倍液、70%代森锰锌可湿性粉剂500倍液、90%三乙膦酸铝（疫霜灵）500～600倍液喷雾、2%武夷菌素水剂150～200倍液，每隔5～7天喷1次，连喷2～3次。

## （三）番茄病毒病

【为害与诊断】病毒病是番茄最重要的病害之一，对产量、质量影响均较大，严重者还可能造成绝产绝收。常见症状有曲叶型、花叶型、条斑型、蕨叶型4种。在诊断中重点在叶片。

（1）曲叶型。发病后，上部叶片黄化变小，叶片边缘上卷，叶片皱缩，增厚，卷曲；上部节位开花困难，或无花序着生；染病植株生长缓慢或停滞，明显矮化（图1-93、图1-94）。

（2）花叶型。发病后，叶片上出现黄绿相间或深绿、浅绿相间的斑驳，有时叶脉透明，严重时叶片狭窄或扭曲畸形，引起落花、落果，果实小，植株矮化（图1-95、图1-96）。

图1-93　黄化曲叶型病毒病植株上部叶片症状

图1-94　曲叶型病毒病叶片，叶片黄化

图1-95　花叶型病毒病叶片黄绿相间或斑驳

图1-96　花叶型病毒病植株叶片狭窄或扭曲畸形

（3）条斑型。发病后，叶片上有茶褐色斑点或云纹斑，有的叶脉坏死，并由主脉向支脉发展；茎蔓上呈褐色长条形斑；果实畸形，果面具暗褐色凹陷斑块或水烫状坏死枯斑。严重时植株萎缩变黄，最后枯死，甚至绝收（图1-97至图1-99）。

图1-97　条斑型病毒病为害果实症状

（4）蕨叶型。顶部叶片特别狭窄或呈螺旋形下卷，并自上而下变成蕨叶状，有时几乎无叶肉；花瓣增大，形成“巨花”，开花后很少结果；病果畸形，果心呈褐色；植株不同程度矮生。除以上症状外，还有巨芽型、黄顶型等，田间经常几种症状混合发生（图1-100、图1-101）。

【发病条件】番茄病毒病一般高温干旱天气利于病害发生。温度20～35℃，相对湿度在80%以下易发病。此外，蚜虫多、植株组织生长柔嫩或土壤瘠薄、板结、黏重以及排水不良发病重。

【绿色防控】

（1）农业防治。轮作倒茬，净化土地。定植田要与非茄科蔬菜作物进行两年以上轮作，有条件的结合深翻，施用石灰，促使土壤中病毒钝化。种子消毒。播种前先用清水

浸种3～4h，再放入10%磷酸三钠溶液中浸泡20min。捞出后放在纱布中，用水洗净，这就是无病毒的种子。

推荐：生产上用0.1%高锰酸钾溶液浸种30min。避蚜防蚜，可用银灰色薄膜代替地膜进行覆盖，也可搭架后在幼苗上方与菜畦平行拉两条10cm宽的银灰色薄膜条；保护地可采用网纱覆盖封口，减少室外蚜虫进入棚室。

图1-98　条斑型病毒病为害茎蔓

图1-99　为害新稍及花序症状

图1-100　番茄蕨叶型病毒病植株

图1-101　番茄蕨叶型病毒病植株黄顶型

（2）药剂防治。为了预防病毒病，在苗期、缓苗后各喷一次83增抗剂100倍液。防治病毒病，用宁南霉素（菌克毒克）800～1 000倍液、病叶毒消500倍液，每隔7～10天喷1次，连续2～3次。也可用10%吡虫啉可湿性粉剂1 500倍液，或用0.4%杀蚜素水剂200～400倍液，或用10%联苯菊酯乳油3 000～4 000倍液等喷雾防治蚜虫。

推荐：喷施0.3%磷酸二氢钾可提高植株的抗病性。

注意：番茄黄化曲叶病毒病是一种暴发性强、传播速度快的毁灭性病害，一旦发病很难控制。解决方案：①选用抗病品种，是防治番茄黄化曲叶病毒病最有效的方法和途径。②培育无虫苗，减少病毒源。苗床用黄化曲叶病毒B灌根剂3 000倍液喷后整地，并使用40～60目防虫网覆盖。在苗期2～3片叶开始5天1次连续喷施3次黄化曲叶病毒疫苗预防。并用黄化曲叶病毒灵B 2 000倍液在分苗时和定植前灌苗床2次。③定植时用黄化曲叶病毒B 2 000～3 000倍液浇穴水，缓苗后用黄化曲叶病毒A1袋1桶水3～4天喷施1次，连

喷4次。如前期没有预防感染上了病毒，立即用黄化曲叶病毒B 2 000～3 000倍液灌根，3～4天喷1次黄化曲叶病毒灵A或黄化曲叶病毒疫苗，连喷4～5次。④防治烟粉虱是关键。可用1.8%爱福丁2 000～3 000倍液、40%绿菜宝1 000倍液、25%噻嗪酮（扑虱灵）1 000～1 500倍液、5%氟虫腈（锐劲特）1 500倍液等。交替用药和合理混配，以减少抗性的产生。

## （四）番茄灰霉病

【为害与诊断】番茄灰霉病是大棚栽培番茄上的重要病害，除为害番茄外，还可为害茄子、辣椒、黄瓜等20多种作物。病菌对番茄的茎、叶、花、果均可为害，但主要为害果实，通常以青果发病较重。诊断以果实为主。

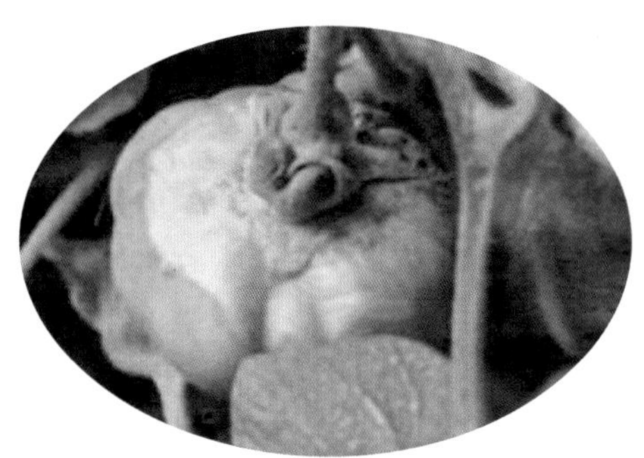

图1-102　灰霉病初期病果灰白色水渍状

侵染由残留的花及花托向果实或果柄扩展，使果皮成为灰白色水渍状，变软腐烂；以后在果面、花萼及果柄上出现大量灰褐色霉层，果实失水僵化。灰霉病也为害茎叶，成株期病斑只见于叶片，由边缘向里呈“V”字形发展，并产生深浅相间的轮纹，表面着生少量灰霉，叶片最后枯死（图1-102至图1-105）。

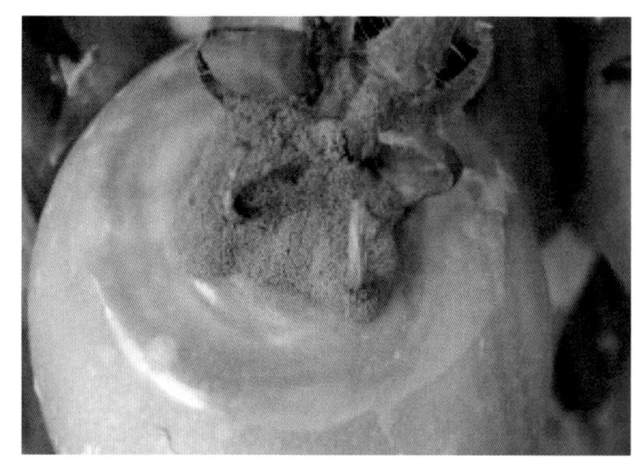

图1-103　灰霉病后期病果出现灰褐色霉层

图1-104　灰霉病中期病叶由边缘向里呈“V”字形病斑

【发病条件】灰霉病病菌发病适宜气候为低温高湿。发育适温为20～23℃，最高32℃，最低4℃，空气相对湿度达90%时开始发病，高湿维持时间长，发病严重。

图1-105　灰霉病后期病叶灰褐色霉层

【绿色防控】

（1）农业防治。在育苗下籽前，用臭氧水浸泡种进行灭菌处理。大棚定植前高温闷棚和熏蒸消

毒，利用夏秋休闲高温季节，密闭大棚。大力推广起垄栽培、地膜覆盖、膜下浇水等措施，降低温棚空气湿度，改善温棚透光条件，及时整枝打杈，摘取病叶和下部老叶；经常擦洗棚膜，保持棚膜洁净，提高透光率。

（2）药剂防治。在番茄灵中加入0.1%的40%施灰乐悬浮剂农药，坐果期用0.1%的40%嘧霉胺（施灰乐）悬浮剂农药喷果2次，隔7天1次，可预防农作物的病害发生；发病初期用40%施灰乐悬浮剂1 000倍农药，和其他防治灰霉病的农药交替混合喷施2～3次，隔7～10天1次。发病初期，还可选用40%嘧霉胺悬浮剂800～1 000倍液或50%福·异菌可湿性粉剂800倍液或50%嘧菌环胺水分散粒剂500倍液或50%异菌脲可湿性粉剂1 000倍液或50%腐霉利可湿性粉剂800～1 000倍液或1.5%多抗霉素可湿性粉剂300～400倍液或50%腐霉利（乙烯菌核利）水分散粒剂1 000倍液喷雾。隔7天左右喷1次，连续2～3次。

## （五）番茄软腐病

【为害与诊断】番茄软腐病主要为害果实，也为害茎秆，诊断以果实为主。多自果实虫伤、日灼伤处开始发病。病部组织软化腐烂，发展迅速，常扩展至半个甚至整个果实。最后病果全部果肉腐烂成浆，外面仅有一层果皮兜着，丧失果形。腐烂汁液有强烈臭味。茎部多从整枝伤口处开始，继而向内部延伸，最后髓部腐烂，有恶臭，失水后，病茎中空。病茎维管束完整，不受侵染。本菌除为害十字花科蔬菜外，还侵染茄科、百合科、伞形科及菊科蔬菜（图1-106至图1-109）。

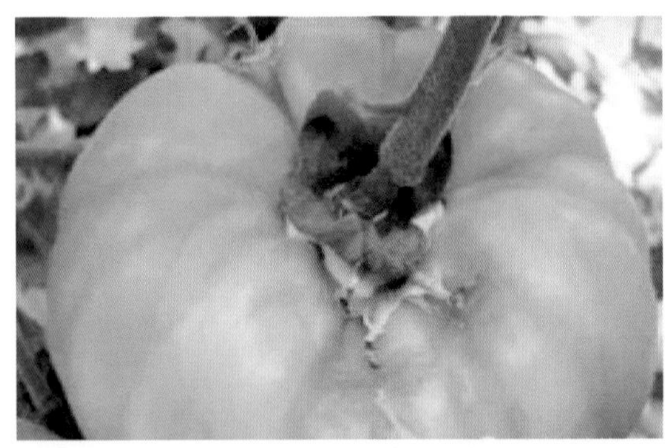

图1-106　软腐病发病初期病果软化腐烂

图1-107　软腐病发病中期的病果果肉腐烂成浆

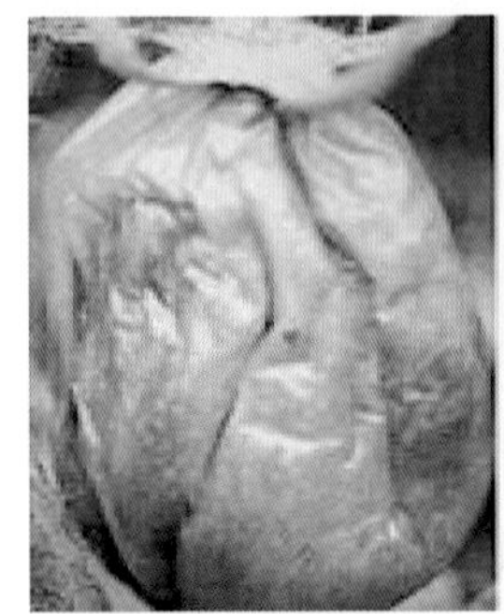

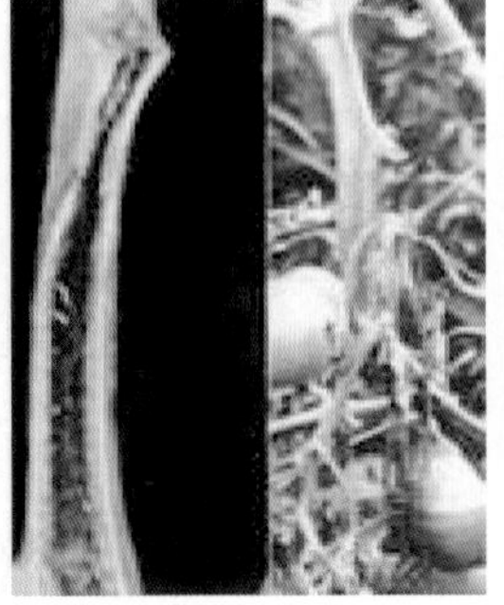

图1-108　软腐病发病中后期果实、茎秆症状

图1-109　番茄成熟期果实受为害症状

【发病条件】番茄软腐病是一种细菌性病害，阴雨天或露水未落干时整枝打杈或虫伤多发病重。本菌生长发育最适温度25℃～30℃，最高40℃，最低2℃，致死温度50℃经10min，发病需95%以上相对湿度。

【绿色防控】

（1）农业防治。种子消毒，宜选择用55℃温水浸种30min，以清除种子内外的病菌，取出后在冷水中冷却，用高锰酸钾浸种30min，取出种子后用清水漂洗几次，最后晒干催芽播种。

（2）药剂防治。可用靓果安50～150ml+大蒜油15ml+沃丰素25ml+有机硅对水15kg喷雾。针对病害种类，对症用药，病情严重的可复配1次化学杀菌剂。如果已经发病，可针对病害喷雾，靓果安150ml+大蒜油15ml+有机硅对水15L，连续喷2～3次。必要时也可喷洒57.6%氢氧化铜（冠菌清）干粒剂1 200倍液、30%琥胶肥酸铜可湿性粉剂500倍液、53.8%氢氧化铜（可杀得）干悬浮剂1 000倍液。

### （六）番茄炭疽病

【为害与诊断】番茄炭疽病主要为害近成熟的果实，果面任何部位都可以受侵染，一般以中腰部分受侵害较多。病菌在果实着色前侵染，潜伏到着色以后发病，初生透明小斑点，而后病斑逐渐扩展并变成褐色或黑褐色。稍凹陷，有同心轮纹并长出黑色小粒点，在潮湿条件下病部还会分泌红色黏液，最后果实腐烂脱落。在生长中后期和采收后的贮运销售期间亦可引起果实腐烂，造成损失。在诊断中重点在果实（图1-110至图1-112）。

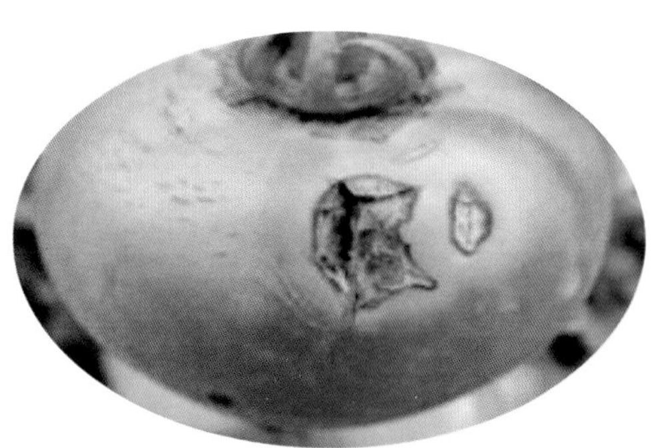

图1-110　番茄炭疽病病果褐色病斑

【发病条件】番茄炭疽病属于真菌侵染性病害。幼果期温度在24℃左右，多雨、露重、湿度大均有利于病菌侵染；果实接近成熟期，温度上升至28～30℃，多雨、湿度大则有利于病害的发展流行。

图1-111　番茄炭疽病褐色同心轮纹状病斑、黑色小点

图1-112　番茄炭疽病病果上透明病斑稍凹陷

【绿色防控】

（1）农业防治。择种选地，育苗下种前应选用耐病及耐涝品种，选地时应注意与豆科、十字花科、禾本科蔬菜作物进行3年以上轮作或与茄科不宜连作的田块。先用10%磷酸三钠液（或100倍福尔马林）+新高脂膜300倍液浸种30min或50%多菌灵500倍液+新高脂膜300倍液浸种2h。再将浸好的种子按每1kg种子取专用种衣剂与50%福美双可湿性粉剂3～4g拌后再喷匀新高脂膜100倍液随后下种育苗床。

（2）药剂防治。缓苗期后，要适时定期喷施促花王3号，每隔10～15天喷1次，连喷3次，可促进植株生长营养正常回流，促花期延长，增加结果率。在幼果期可作1次预防性喷药，可有效预防；始病期、高发期可各喷1次25%溴菌腈可湿性粉剂500倍液（或50%咪鲜胺锰盐可湿性粉剂1 500倍液、25%咪鲜胺乳油1 000倍液、78%波锰锌可湿性粉剂500～600倍液）+新高脂膜600倍液防治效果最佳。

## （七）番茄褐斑病

【为害与诊断】番茄褐斑病，又称“芝麻斑病”“黑枯病”“芝麻瘟”，除了为害番茄外，还为害多种茄科蔬菜及豆类、芝麻等。

病害主要发生在叶片上，也可为害茎和果实，在诊断中重点在叶片。

图1-113　番茄褐斑病病叶

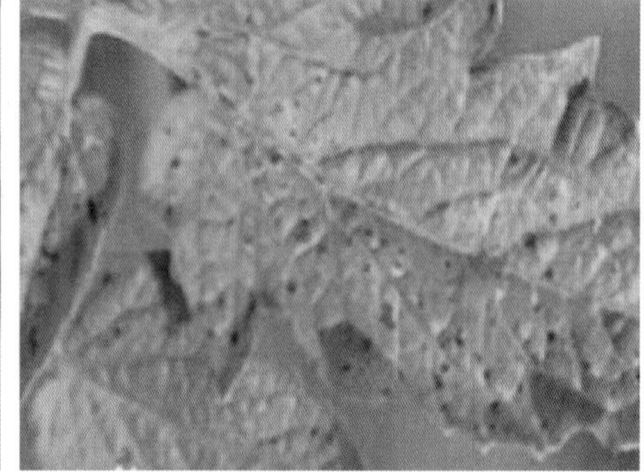

图1-114　番茄芝麻形斑病叶

叶片受害近圆形、椭圆形至不规则形病斑，大小不等。灰褐色，边缘明显，直径1～10mm，较大的病斑上有时有轮纹。病斑中央稍凹陷，有光泽。高温高湿时病斑表面生出灰黄色至暗褐色霉，病斑多时密如芝麻点，因而称芝麻瘟。茎受害病斑灰褐色凹陷，常连成长条状，潮湿时长出暗褐色霉。果实上病斑圆形，几个病斑连合成不规则形，初期病斑水浸状，表面光滑，后渐凹陷成深褐色硬斑，大的病斑直径可达3cm，有轮纹，潮湿时长出暗褐

图1-115　番茄褐斑病病果

色霉状物。叶柄、果柄受害症状与茎相同（图1–113至图1–115）。

【发病条件】病菌生长适宜的温度为25～28℃，空气相对湿度为80%以上。高温高湿，特别是高温多雨季节病害易流行。菜地潮湿、地势低洼、排水不良、通风透光差、肥料不足、密度大，长势弱的地块发病重。

【绿色防控】

（1）农业防治。轮作，重病田与非茄科蔬菜作物轮作2～3年。加强栽培管理。挖好排水沟，低洼易积水地应采用高畦或高垄栽培，适当稀植，改善田间通透性；及时清除病叶，收获结束后清除病残体并烧毁，或集中堆制沤肥。健全排灌系统，做到雨住水干。

（2）药剂防治。发病初期喷药防治，可选用0.5：0.5：100倍碱式硫酸铜（波尔多液）或50%硫菌灵（托布津）500倍液或50%混杀硫（甲基硫菌灵异硫碘复配）可湿性粉剂500倍液或77%氢氧化铜（可杀得）500倍液或50%多菌灵可湿性粉剂800～1 000倍液或75%百菌清600～800倍液或50%多硫悬浮剂600倍液。一般每10天左右喷1次，连续喷3～4次。

### （八）番茄叶霉病

【为害与诊断】番茄叶霉病俗称“黑毛病”，是番茄的主要病害之一，严重时减产20%～30%。

叶霉病主要为害叶片，严重时也侵染茎、花、果实，在诊断中重点在叶片。

叶片发病，初期叶片正面出现黄绿色、边缘不明显的斑点，叶背面出现灰白色霉层，后霉层变为淡褐至深褐色；湿度大时，叶片表面病斑也可长出霉层。病害常由下部叶片先发病，逐渐向上蔓延，发病严重时霉层布满叶背，叶片卷曲，整株叶片呈黄褐色干枯。嫩茎和果柄上也可产生相似的病斑，花器发病易脱落。果实发病，果蒂附近或果面上形成黑色圆形或不规则斑块，硬化凹陷，不能食用（图1–116、图1–117）。

图1–116　发病初期病叶褪绿变黄

图1–117　发病初期病叶褪绿变黄

【发病条件】病菌喜高温、高湿环境，发病最适气候条件为温度20～25℃，相对湿度90%以上。早春低温多雨、连续阴雨或梅雨多雨的年份发病重。秋季晚秋温度偏高、多雨的年份发病重。

【绿色防控】

（1）农业防治。合理轮作，和非茄科作物进行3年以上轮作，以降低土壤中菌源基数。种子消毒。播前需要进行种子处理，采用温水浸种。对于温室栽培的种子宜选择用55℃温水浸种30min，以清除种子内外的病菌，取出后在冷水中冷却，用高锰酸钾浸种30min，取出种子后用清水漂洗几次，最后晒干催芽播种。

（2）生态防治。高温闷棚，选择晴天中午，采取2h左右的30～33℃高温处理，然后及时通风降温。每年更换一次棚室薄膜，使用无滴膜，经常清除膜上灰尘。定植密度不要过高，及时整枝打杈、绑蔓，坐果后适度摘除下部老叶，以利通风透光。栽培前期注意提高棚室温度，后期加强通风，降低湿度。病势发展时，可选择晴天中午，密闭棚室使温度上升到36～38℃，保持2个小时可有效地抑制病情发展。

## （九）番茄枯萎病

【为害与诊断】番茄枯萎病，又称"萎蔫病""发瘟"，是一种防治困难的土传维管束病害，常与青枯病并发，幼苗至成株期都可感病，主要为害果实、叶、茎。

在诊断中典型症状是萎蔫、枯死。

多数在开花结果期发病，往往在盛果期枯死；发病初期，植株中下部叶片在中午前后萎蔫，早、晚尚可恢复，以后萎蔫症状逐渐加重，叶片自下而上逐渐变黄，不脱落，直至枯死。有时仅在植株一侧发病，另一侧的茎叶生长正常。茎基部接近地面处呈水浸状，高湿时产生粉红色、白色或蓝绿色霉状物。拔出病株，切开病茎基部，可见维管束变为褐色（图1-118至图1-120）。

图1-118　番茄枯萎病发病初期症状

图1-119　枯萎病植株茎维管束变褐色

图1-120　番茄枯萎病发病后期全株枯死

【发病条件】高温高湿有利于病害发生，土温25～30℃，土壤潮湿、偏酸、地下害虫多、土壤板结、土层浅，发病重。番茄连茬年限愈多，施用未腐熟粪肥，或追肥不当烧根，植株生长衰弱，抗病力降低，病情加重。

【绿色防控】

（1）农业防治。选用抗病品种，选用无病、包衣的种子，如未包衣则种子须用拌种剂或浸种剂灭菌。

（2）药剂防治。拌药土，育苗移栽，播种后用药土覆盖；土壤病菌多或地下害虫严重的田块，在播种前撒施或沟施灭菌杀虫的药土，可用多菌灵或甲基硫酸灵（甲基托布津）拌药土。药液灌根，发病初期用50%菌灵1 000倍液或恶霉灵800倍液灌根，每株200ml，每隔7～10天灌药1次，连灌2～3次。涂抹病部，可将多菌灵或硫菌灵（托布津）加水做成糊状涂抹病部。用药间隔期7～10天，连续用药2～3次。

注意：药液灌根时根据“土壤干湿度及植株大小”决定灌药量的多少，以“彻底灌透作物扎根范围”为目的，一般每株灌液100～400ml。

## （十）番茄溃疡病

【为害与诊断】番茄溃疡病，又称“鸟眼病”，是一种毁灭性病害，已列为进出境植物检疫对象。从幼苗期至成株期均可发病，该病可造成5%～75%的产量损失。

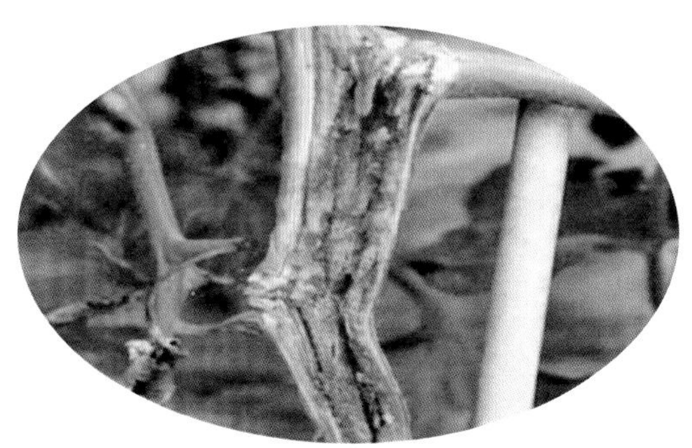

图1-121　番茄病茎髓部变褐中空

在诊断中典型症状是萎蔫、溃疡。

幼苗发病，最初叶片萎蔫，幼茎或叶柄出现溃疡条斑。成株期受害，发病初期下部叶片萎蔫下垂，似缺水状，有时植株一侧发生叶片萎蔫，而另一侧叶片生长正常。后期在病株茎秆上出现暗褐色溃疡条斑，沿茎向上下扩展，病茎略变粗，常产生大量的气生根。病茎髓部变褐，内部呈粉状干腐、中空或呈笋片状。多雨或湿度大时，病茎开裂处溢出污白色菌脓，最后植株失水枯死。果柄受害，多从茎扩展进去，其韧皮部及髓部出现褐色腐烂，一直可延伸到果实。幼果发病后皱缩、滞育、畸型，可引起种子带菌。青果发病，病斑圆形，单个病斑直径3mm左右，中央褐色粗糙，外缘呈黄色晕圈，似鸟眼（图1-121至图1-123）。

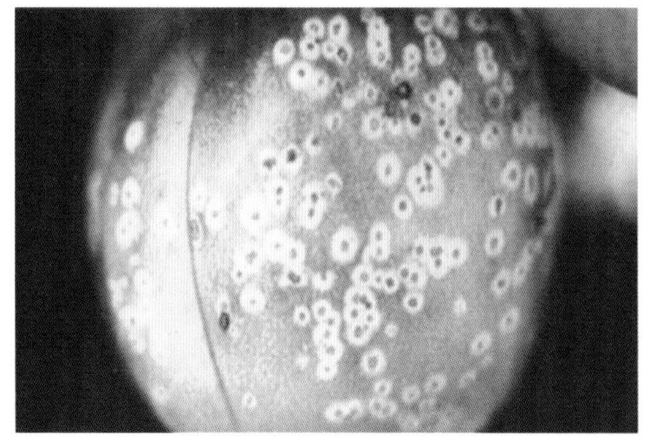

图1-122　番茄病果“鸟眼斑”

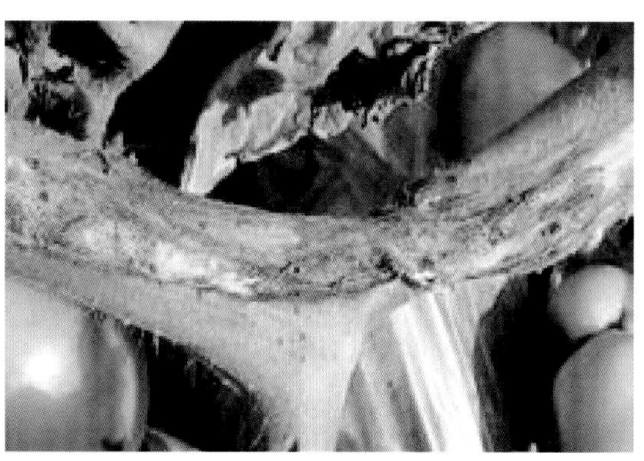

图1-123　番茄病茎暗褐色溃疡条斑

【发病条件】番茄溃疡病是一种细菌性维管束病害，高湿、低温（18～24℃）适于病害发展，高温时病害就会停止发展。该菌在北方冬季25℃以下的温度和相对湿度80%以上的条件有利发病。

【绿色防控】

（1）农业防治。加强植物检疫防止疫区种子、秧苗或果实从国内外疫区传入。与非茄科植物实行2年以上的轮作。种子消毒，可用55℃温汤浸种25min后移入冷水中冷却，捞出晾干后催芽播种。种子化学处理（酸浸泡）可以从根本上降低发病率。清除病株，一旦作物发病后要采取严格的卫生措施，以使损失降低到最低程度。育苗用新床土，或采用营养钵育苗。旧苗床用40%福尔马林30ml加3～4L消毒，用塑料膜盖5天，揭开后过15天再播种。高温闷棚，利用三夏高温季节，密闭温室15～20天。

（2）药剂防治。为保护作物，有必要采取预防措施，如销毁植物残体，对农具、设备消毒；对严重病株及病株周围2～3m内区域植株进行小区域灌根，连灌2次，两次间隔1天；土壤消毒，47%加瑞农可湿性粉剂200～300g/亩，在移栽前2～3天或者盖地膜前地面喷雾消毒，用水量60kg～100kg/亩，对病害起到很好的预防作用。

## 六、茄　子

茄子是彩色蔬菜，由于连续多年的种植，病害渐渐增加，常见病害有20多种，为害普遍而严重的有绵疫病、黄萎病、褐纹病、白粉病、猝倒病等。

### （一）茄子绵疫病

【为害与诊断】茄子绵疫病，又称茄子疫病，俗称“掉蛋”等，是茄子生产中普遍发生的病害，是茄子烂果的主要原因。

茄子绵疫病主要为害果实，也为害叶、茎、花。在诊断中重点看果实。

叶部受害产生不规则圆形水浸状褐色病斑，有明显轮纹，潮湿时病斑上长白霉。果实受害初期出现水浸状圆形病斑，稍凹陷，黑褐色，后逐渐扩大，为害整个果实。潮湿时病斑上长出白色棉絮状物，果肉褐黑色，腐烂，易脱落或干瘪收缩成僵果（图1-124至图1-127）。

【发病条件】发育最适温度30℃，空气相对湿度95%以上菌丝体发育良好。高温高湿、雨后暴晴、植株密度过大、通风透光差、地势低洼、土壤黏重时易发病。

【绿色防控】

（1）农业防治。选择抗病品种，如兴城紫圆茄、贵州冬茄、通选1号、济南早小长茄、竹丝茄、辽茄3号、丰研11号、青选4号、老来黑等。合理种植，精心选地、采用种子消毒、穴盘育苗、一般实行3年以上的轮作倒茬，忌与西红柿、辣椒等茄科、葫芦科作物连作。

（2）生态防治。规范种植管理实行高垄或半高垄栽植；施足优质腐熟的有机肥，增施磷钾肥；实行地膜覆盖；苗期不浇水，结果期加强肥水管理；摘除病果病叶，提高植

株抗病能力；棚栽茄子温度白天控制在25～30℃，夜间15～20℃，加强通风排湿。

图1-124　茄子绵疫病叶片症状水浸状褐色病斑

图1-125　茄子绵疫病受害果实水浸状病斑

图1-126　茄子绵疫病果上白色棉絮状物

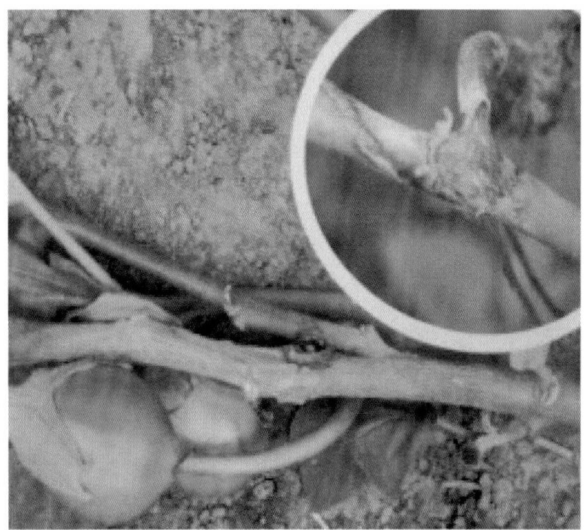

图1-127　茄子绵疫病茎部症状

（3）药剂防治。发病初期及时喷药保护，可选用25%甲霜灵可湿性粉剂800～1 000倍液、58%甲霜灵锰锌可湿性粉剂500倍液、40%三乙膦酸铝（乙膦铝）可湿性粉剂300倍液、77%氢氧化铜（可杀得）可湿性微粒粉剂500倍液，每7～10天喷1次，连续喷药2～3次。

## （二）茄子黄萎病

【为害与诊断】茄子黄萎病，又叫“半边疯”“黑心病”，是茄子的重要病害。

叶片发病，初期叶片边缘和叶脉间褪绿变黄，后发展到整个叶片。病株中午失水萎蔫，早晚恢复正常，后随病情发展不能恢复。有时全株发病，有时植株半边发病。剖检病株根、茎、分枝、叶柄，可见维管束变褐，故称“黑心病”。在诊断中重点看维管束变褐（图1-128至图1-131）。

图1-128　病叶片边缘和叶脉间褪绿变黄

图1-129　茄子黄萎病叶片后期失水萎蔫

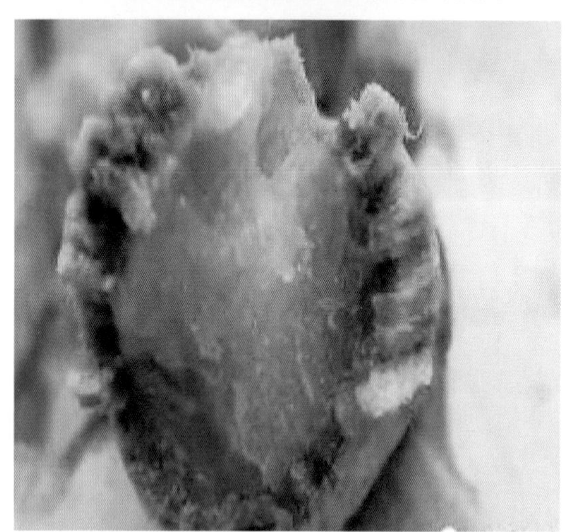

图1-130　茄子黄萎病维管束变褐色

图1-131　茄子黄萎病全株发病萎蔫

【发病条件】温暖多雨有利发生，开花结果期若遇上雨水多、或土地低洼、土壤黏重、耕作管理粗放的田块发病较重。

【绿色防控】

（1）农业防治。合理轮作，与非茄科作物进行6年以上轮作；种子消毒，培育健

苗，用50%多菌灵可湿性粉剂500倍液浸种1h，或用55℃温水浸种15min，待水温降至30℃时浸种6～8h，晾干后催芽播种；选栽嫁接苗，用野生水茄、毒茄或红茄做砧木，栽培茄做接穗，采用劈接法嫁接，利用砧木根系抗黄萎病菌侵染的特性，防病效果较好，在无法轮作的条件下也可获得丰产。

（2）药剂防治。结合定植施药防病。在茄苗定植时，每穴施入50%多菌灵可湿性粉剂1～2g，然后栽苗灌水，利用药剂的杀菌作用预防茄苗根系四周土壤中病菌和侵染；灌根防治；对田间发现的病株，用30%甲霜•恶霉灵（瑞苗清）水剂2 500倍液，或用50%多菌灵可湿性粉剂500倍液，或用70%甲基硫菌灵（甲基托布津）可湿性粉剂400倍液，每一病株灌药液0.3L，隔10天灌1次，连灌2～3次。

## （三）茄子褐纹病

【为害与诊断】茄子褐纹病是茄子独有的病害，因其发病严重故而又称疫病。

茄子褐纹病为害茎、叶、果实，叶片病斑呈近圆形至多角形，病斑边缘褐色，中间灰白色，有轮纹，后期病斑上轮生大量小黑点；茎部为水浸状梭形病斑，上散生小黑点，后表皮开裂露出木质部；果实染病为椭圆形的凹陷斑，上布满轮纹状排列的小黑点，天气潮湿易腐烂。在诊断中重点看叶片和果实（图1-132至图1-135）。

图1-132　茄子褐纹病叶片病斑

图1-133　茄子褐纹病茎部水浸状梭形病斑

【发病条件】诱发褐纹病的最适宜气候条件，是高温和高湿。有利发病的温度为28～30℃，相对湿度为80%以上。连作田块，地势低洼，土壤黏重，排水不良，氮肥过多，定植过晚，发病均较重。

【绿色防控】

（1）农业防治。选用抗病品种，长茄较圆茄抗病，白皮茄、绿皮茄较紫皮茄抗病。培育无病壮苗，种子消毒，苗床消毒，加强苗期管理，提倡营养钵育苗，实行3年以上

的轮作栽培，种子消毒可消除土壤病菌为害；科学管理肥水。坐果前少施氮肥，坐果后重施追肥，同时要及时用竹竿绑枝，以防植株倒伏。雨后及时清沟排渍水，摘除下部老叶。

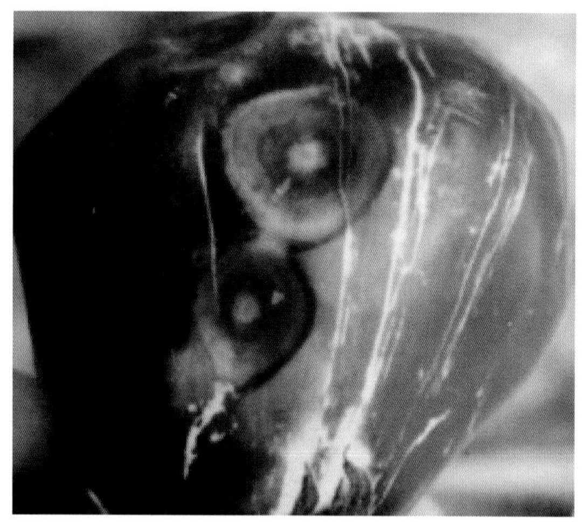

图1-134　茄子褐纹病果实初期椭圆形的凹陷

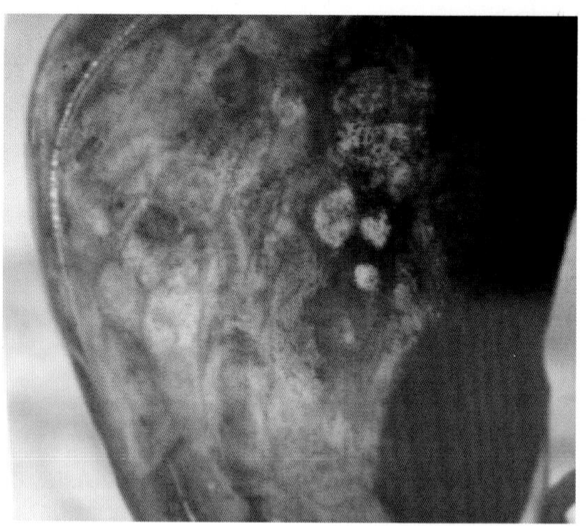

图1-135　茄子褐纹病后期果实布满轮纹状小黑点

（2）药剂防治。苗期发病，可用65%代森锌可湿性粉剂500倍液，每5～7天喷1次。结果后可用75%百菌清可湿性粉剂600倍液，70%代森锰锌可湿性粉剂500倍液，或用40%甲霜铜可湿性粉剂600倍液，或用58%甲霜灵锰锌可湿性粉剂500倍液，或用70%乙膦铝·锰锌可湿性粉剂500倍液每隔10天喷1次，视病情喷2～3次。

## （四）茄子白粉病

【为害与诊断】茄子白粉病是茄子常见病害之一，保护地栽培明显重于露地栽培。茄子白粉病主要为害叶片。叶片上出现白色小霉斑。外观上好像撒了一层白面粉是该病主要症状特征，很好区分。严重时叶片正反面全部被白粉覆盖，最后致叶组织变黄干枯。在诊断中重点看叶片（图1-136、图1-137）。

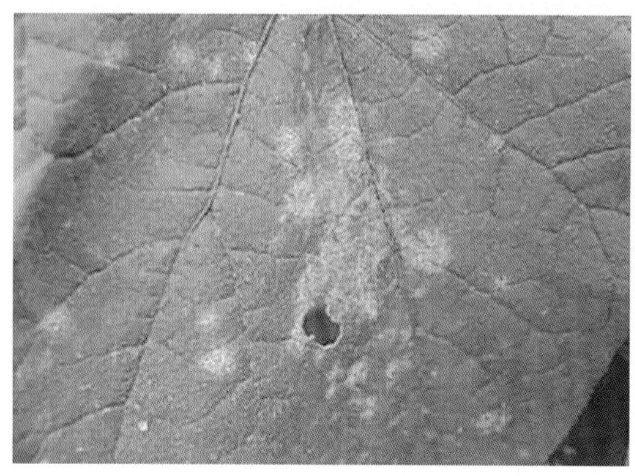

图1-136　茄子白粉病叶片白色小霉斑

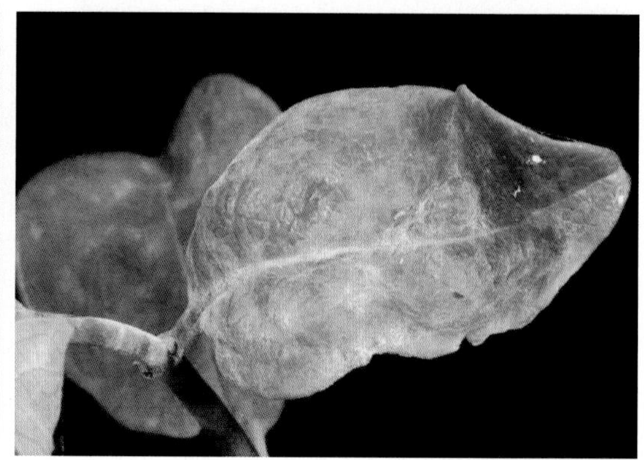

图1-137　茄子白粉病白粉覆盖

【发病条件】生长期间温暖、多雨天气多的年份发病严重，当温度在16～24℃，湿度为75%左右时，此病最易发生流行。

【绿色防控】

（1）农业防治。种子及设施消毒；合理密植，避免过量施用氮肥，增施磷钾肥，避免徒长；留意通风透光，下降空气湿度；用50℃温水浸种30min，或用15%粉锈宁可湿性粉剂拌种后再耕种。

（2）药剂防治。发病初期及时喷洒15%三唑酮（粉锈宁）可湿性粉剂1 000～1 500倍液或20%三唑酮乳油2 000倍液、40%多·硫悬浮剂或36%甲基硫菌灵悬浮剂500～600倍液、50%硫黄悬浮剂300倍液。

（3）药剂熏棚。定植前，每50m$^3$棚室空间用硫黄粉120g混拌木屑500g，装到火盆内，傍晚密闭棚室，暗火点燃，熏蒸1夜。

## （五）茄子猝倒病

【为害与诊断】茄子猝倒病，又叫“卡脖子”“小脚瘟”。这种病多发生在早春育苗床或鱼苗盘上。

茄子猝倒病主要为害幼苗，在1～2片真叶以前最容易受害，病苗近地面的茎基部呈水浸状病斑，以后变黄缢缩，凹陷成线状，随即折倒在地，其叶片仍为鲜绿色。此病在苗床上多零星发生，随后迅速向周围扩展而成片猝倒。环境潮湿时，在病苗及附近土面长出一层明显的白色绵状菌丝。在诊断中重点看幼苗茎基部（图1－138、图1－139）。

图1－138　茄子猝倒病苗期黄缢缩

图1－139　茄子猝倒病苗期症状

【发病条件】病菌喜34～36℃的高温，但在8～9℃低温条件下也可生长，因此，当苗床温度低，幼苗生长缓慢，又遇高湿时，感病期拉长，很易发生猝倒病，尤其苗期遇有连阴雨天气，光照不足，幼苗生长衰弱发病重。

【绿色防控】

（1）农业防治。根据当地要求选用抗猝倒病品种，可选用紫圆茄、灯泡红、竹丝、南京紫丹、五叶茄、七叶茄等。种子用53%精甲霜·锰锌水分散粒剂500倍液浸泡半小时。带药催芽或者直播。苗床应选择地势高燥、避风向阳、排水良好、土质疏松而肥沃的无

病地块，为防止病菌带入苗床，应施用腐熟的农家肥，播种前苗床要充分翻晒、耙个。

（2）生态防治。加强苗床管理，苗床四周开好深沟，以有利于排水、降地下水位；合理控制苗床的温湿度，苗床湿度过大时，可撒上一层干细土吸湿；肥水要小水、小肥轻浇，同时注重适时、适度通风换气。及时拔除病苗、死苗，并集中深埋或烧毁。

（3）药剂防治。苗床要严格消毒，可用50%多菌灵可湿性粉剂作药土，每平方米用药量8～10g，与15kg细土混合后下铺上盖播种。苗期喷施0.1%～0.2%磷酸二氢钾、0.05%～0.1%氯化钙等提高抗病力。出苗后喷施75%百菌清可湿性粉剂600倍液，或用64%杀毒矾可湿性粉剂1 500倍液，每隔7～10天喷1次，共喷2～3次。

## 七、辣　椒

### （一）辣椒疫病

【为害与诊断】疫病是一种非常常见的真菌病害，最为严重的是辣椒疫病，常引起大面积死株，一旦发病，迅速扩展，损失常达20%～30%，屡有全棚绝产。

整个生育期均可发病，茎、叶和果实各部位都可染病，以成株期现蕾挂果前后最易受害。幼苗期发病，幼苗茎部呈水渍状软腐，致使上部猝倒，病斑呈暗绿色，后形成梭形大斑。湿度大时，病部可长出白色稀疏霉层，幼苗整株枯萎而死（图1-140）。在诊断中重点看茎节处。

图1-140　辣椒疫病成株期根部病斑

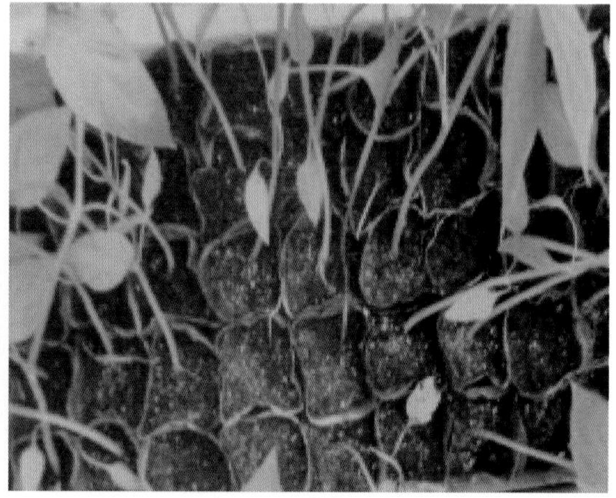

图1-141　辣椒疫病幼苗茎部呈水渍状软腐上部猝倒

成株期根系发病，病斑呈褐色长形，长3～5cm，可围茎一周，病斑交界明显，病斑稍凹陷或稍缢缩，后引起整株枯萎死亡。茎多在近地面及分叉处发病，初呈暗绿色水渍状病斑。湿度大时，病部可见白色稀疏霉层，然后发展到缢缩渐变为黑褐色，并引起病部以上茎叶枯萎死亡。叶片发病，病斑圆形或近圆形，直径2～3cm，中央暗褐色，边缘黄绿色，水渍状。扩展后，叶片软腐。干燥时，病斑变为淡褐色。果实发病，多从果蒂部或果尖开始，呈暗绿色水渍状病斑软腐。湿度大时，病果表面密生白色霉状物。病果可脱落，也可失水干燥成暗绿色僵果挂在枝上（图1-141至图1-146）。

【发病条件】辣椒疫病的发生与气候温、湿度条件关系密切。适温（20～30℃）、高湿有利于病害的发生和流行。

图1-142　辣椒疫病湿度大病部可见白色稀疏霉层

图1-143　辣椒疫病茎部分叉处发病

图1-144　辣椒疫病叶片水渍状病斑

图1-145　辣椒疫病茎叶缢缩为黑褐色枯萎死亡

【绿色防控】

（1）选育和引进抗病品种。

（2）田园卫生及时清除病残体。

（3）实行轮作，加强田间管理，避免与茄果类个瓜类蔬菜连作，可与十字花科或豆科蔬菜实行3年以上的连作。施足腐熟基肥，配方施肥，大雨后及时排除积水，严禁浇大水，以防高湿条件的出现。选用无病新土育苗，发现中心病株及时拔除。

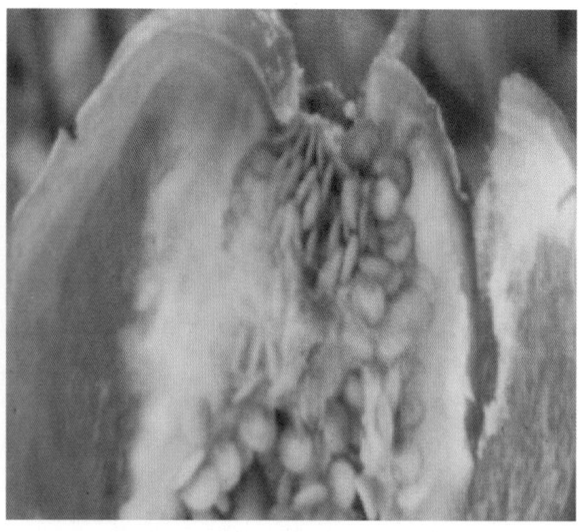

图1-146　辣椒疫病果柄淡褐色，果实病果表面密生白色霉状物

（4）药剂防治。种子处理，用1%福尔马林浸种30min，药剂以浸没种子5～10cm为宜，捞出洗净后催芽播种，或用嘧菌酯进行种子包衣。发病初期可喷施嘧菌酯或甲霜·锰锌、霜霉威、三乙膦酸铝、百菌清、噁霜·锰锌等，施药后6h内遇降雨应重新喷施。棚室内用45%百菌清烟剂或三乙膦酸铝（疫霉净）烟剂，用药2kg/hm$^2$。此外，雨季来临前，畦面可喷撒96%硫酸铜粉，用量45kg/hm$^2$，然后浇水，防效显著。

## （二）辣椒灰霉病

【为害与诊断】辣椒灰霉病是辣椒苗期普遍发生的一种病害，感染该病能够给辣椒造成毁灭性灾害。

幼苗发病，幼茎缢缩变细，子叶腐烂，幼苗倒折死亡。成株发病，多茎部产生不规则形水浸状病斑，后变褐色至灰白色，病斑扩展到绕茎一周时，其上端枝叶萎蔫枯死。潮湿时病部表面长有霉状物。病果病部灰白色、软腐，后期病部长有灰色霉状物。在诊断中重点看叶片和果实（图1-147至图1-150）。

图1-147　辣椒灰霉病病花传染叶片发病

图1-148　辣椒灰霉病病斑变为褐色

图1–149　辣椒灰霉病潮湿时长出灰色霉状物

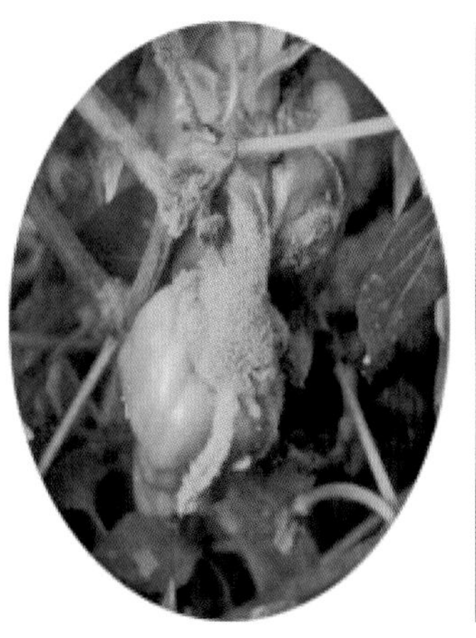

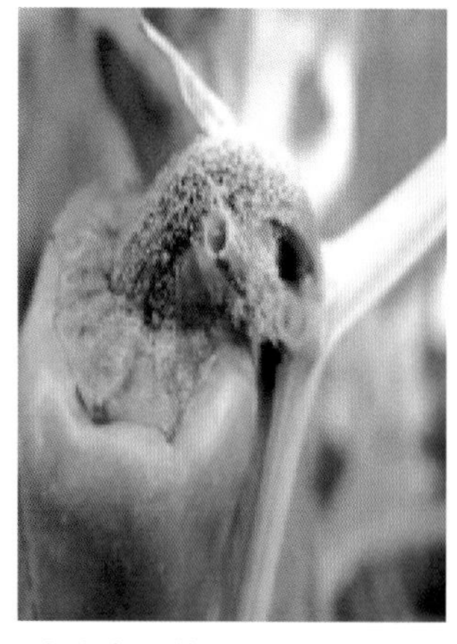

图1–150　辣椒灰霉病病果灰白色、软腐，后期长有灰色霉状物

【发病条件】温度低、湿度大的环境下易发病；病菌孢子一般在15～20℃低温下易形成；塑料大棚内早春温度低、湿度大易发病。种植过密，通风不良，光照不足发病重。

【绿色防控】

（1）农业防治。多施充分腐熟的优质有机肥，增施磷钾肥，以提高植株抗病能力。栽培方式应采用高畦栽培和地膜覆盖，注意清洁田园，及时摘除枯黄叶、病叶、病花和病果，带出田外或温室大棚外集中做深埋处理。

（2）生态防治。温室大棚辣椒围绕以控制温度、降低湿度为中心进行生态防治。要求辣椒叶面不结露或结露时间尽可能缩短。使棚室温度保持在25～30℃，浇水应采用膜下浇暗水技术，浇小水，降低湿度，减少棚内结露持续时间，以控制病害。

（3）药剂防治。发病初期，可选40%嘧霉胺（施佳乐）悬浮剂800～1 200倍液、50%异菌脲（普海因）可湿性粉剂1 000倍液、50%腐霉利（速克灵）可湿性粉剂1 000倍液、75%百菌清可湿性粉剂600倍液、50%甲基硫菌灵（甲基托布津）可湿性粉剂600倍液。温室大棚还可选用10%腐霉利（速克灵）烟剂或45%百菌清烟剂每亩200～250g熏烟。也可用5%百菌清粉尘剂，或用10%氟吗啉（灭克）粉尘剂，或用10%嘧霉胺（杀霉灵）粉尘剂1 000g/亩进行防治。烟剂、粉尘剂于傍晚关闭棚室后施用，第二天通风。

提个醒：喷洒药液、施用烟剂、喷施粉尘剂可单独使用，也可交替使用，以各种药剂交替使用为最好。两次用药间隔一般为7天左右，用药间隔时间、次数视病情而定。

## （三）辣椒炭疽病

【为害与诊断】炭疽病是辣椒上的常发病害，特别在高温季节，果实受灼伤，极易并发炭疽病使果实完全失去商品价值。

辣椒炭疽病主要为害果实和叶片，也可侵染茎部。叶片染病，初呈水浸状褪色绿斑，后逐渐变为褐色。病斑近圆形，中间灰白色，上有轮生黑色小点粒，病斑扩大后呈不规则形，有同心轮纹，叶片易脱落。果实染病，初呈水渍状黄褐色病斑，扩大后呈长

圆形或不规则形，病斑凹陷，上有同心轮纹，边缘红褐色，中间灰褐色，轮生黑色点粒，潮湿时，病斑上产生红色黏状物，干燥时呈膜状，易破裂。在诊断中重点看叶片和果实（图1-151至图1-156）。

图1-151　辣椒炭疽病叶片近圆形病斑

图1-152　辣椒炭疽病叶片同心轮纹

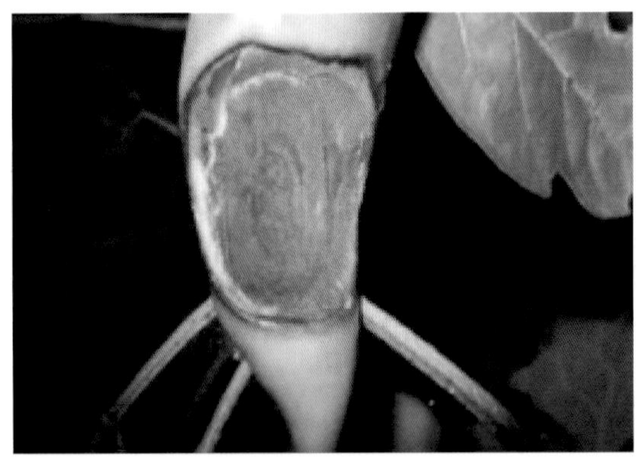

图1-153　辣椒炭疽病病果凹陷，上有同心轮纹，边缘红褐色

图1-154　辣椒炭疽病中间灰褐色，轮生黑色点粒

图1-155　辣椒炭疽病病果潮湿时产生红色黏状物

图1-156　辣椒炭疽病病果干燥时呈膜状，易破裂

【发病条件】病菌发育温度为12～32℃，适宜温度27℃，相对湿度为95%左右。雨季来得早，温湿度适宜，也是病害发生和流行的重要原因。

【绿色防控】

（1）种植抗病品种。一般辣味强的品种较抗病，可因地制宜选用。

（2）选用无菌种子及种子处理。如种子有带菌嫌疑，可用55℃温水浸种10min，或用浓度为1 000mg/kg的70%代森锰锌或50%多菌灵药液浸泡2h，进行种子处理。

（3）加强栽培管理。合理密植，与瓜类和豆类蔬菜轮作2～3年；清洁田园。

（4）在化学防治上，定植前要搞好土壤消毒，结合翻耕，每亩喷洒3 000倍96%天达恶霉灵药液50kg。发病初期或果实着色开始喷药，可用80%炭疽福美可湿性粉剂800倍液或用50%多硫悬浮剂600倍液或75%百菌清可湿性粉剂800倍液加70%甲基硫菌灵（甲基托布津）可湿性粉剂800倍液混合液，每隔7～10天喷1次，连续防治2～3次。

小经验：辣椒高产防病技术，辣椒定植后，每10～15天喷洒1次1：1：200倍等量式波尔多液，进行保护，防止发病（注意!不要喷洒开放的花蕾和生长点）。每2次波尔多液之间，喷1次600～1 000倍瓜茄果专业型天达—2116（5 000康凯或5 000倍芸薹素内酯），与波尔多液交替喷洒。

## （四）辣椒病毒病

【为害与诊断】辣椒病毒病为害极为严重，造成辣椒落叶、落花、落果，轻者减产20%～30%，严重时损失50%～60%，甚至绝收。

辣椒病毒病由于病毒种类和辣椒抗性的不同，其症状表现也有所不同，主要症状有轻型花叶型、重型花叶型、黄化型、坏死型和畸形型5种（图1–157）。

（1）轻型花叶型。病叶初现叶脉轻微褪绿，或浓、淡绿相间的斑驳，病株无明显畸形或矮化，不造成落叶，也无畸形叶片（图1–158）。

（2）重型花叶型。病叶除褪绿出现斑驳外，还表现为叶脉皱缩畸形，叶面凹凸不平，或形成线形叶，生长缓慢，果实瘦小并出现深浅不同的线斑，矮化严重（图1–159）。

（3）黄化型。病叶叶片明显变黄，后期引起叶片脱落（图1–160、图1–161）。

（4）坏死型。病叶主脉呈褐色或黑色坏死，沿叶柄扩展到侧枝和主茎，出现系统坏死条斑，病部组织变褐坏死或表现为条斑、坏死斑驳、环斑和生长点枯死等（图1–162）。

（5）畸形型。病株变形，出现畸形现象，如叶片变成线形叶、蕨叶或植株矮小，分枝极多，呈丛枝状（图1–163）。

图1–157　辣椒花叶病毒病

图1–158　辣椒轻型花叶型病毒病

图1–159　辣椒重型花叶病毒病

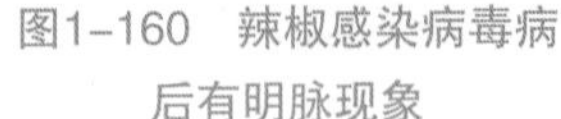


图1-160　辣椒感染病毒病后有明脉现象

图1-161　辣椒黄化型病毒病

图1-162　辣椒病毒病条斑及坏死

图1-163　辣椒病毒病丛枝与畸形症状

【发病条件】温度33℃以上，湿度60%以下，强光照和多雾的条件下发病较重。特别遇高温干旱天气，不仅可促进蚜虫（榉赤蚜等）传毒，还会降低辣椒的抗病能力，阳光强烈，病毒病发生严重。

【绿色防控】

（1）选用抗病品种。一般早熟、有辣味的品种较晚熟、无辣味的品种抗病，如常种品种津椒3号等。

（2）种子消毒。种子用清水浸泡3～4h，放入10%磷酸钠中浸20～30min，再用清水冲洗，或用0.1%高锰酸钾浸泡30min，再用水冲洗。

（3）农业防治。加强田间管理。适期早播，不要连作，多施磷、钾肥，勿偏施氮肥。清洁田园，减少菌源。辣椒与玉米间作，玉米起诱蚜的作用。农事操作小心碰破植株，以减少污染机会。

（4）培育壮苗。网纱覆盖育苗，白色纱网一来可以防止蚜虫接触幼苗，二来白色本身又可驱避蚜虫。同时有纱网阻隔，也可减少其他接触幼苗传染病毒的可能性。

## 八、马铃薯

### （一）马铃薯早疫病

【为害与诊断】马铃薯早疫病是在开花期受害，引起叶片提前干枯，降低产量，严

重者全田无收。

马铃薯早疫病主要为害叶片，也可为害块茎，多从下部老叶开始。叶片受害初期有一些零星的褐色小斑点，后扩大，呈不规则形，同心轮纹，周围有狭窄的褪色环晕；潮湿时斑面出现黑霉；严重时，连合成黑色斑块，叶片干枯脱落。块茎受害：块茎表面出现暗褐色近圆形至不定形、稍凹陷、病斑，边缘明显，病斑下薯肉组织变成褐色干腐。在诊断中重点看叶片（图1-164至图1-167）。

【发病条件】温度在25～28℃，湿度高于70%时，容易发病；遇到阴雨多雾天气，病害发展较快。植株生长弱小，也容易感病。

图1-164　马铃薯早疫病叶片初期同心轮纹

图1-165　马铃薯早疫病叶片零星的褐色小斑点纹

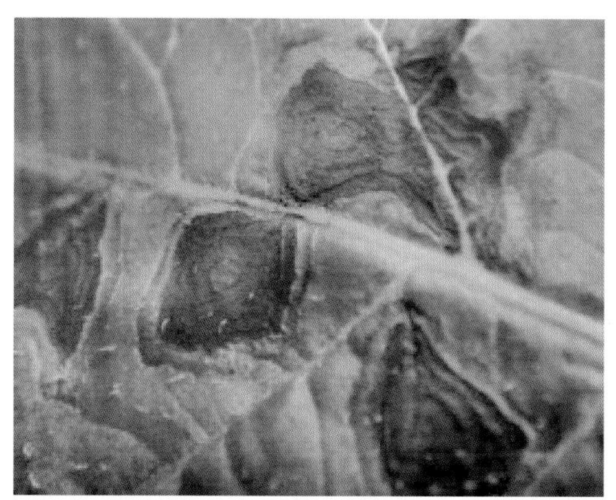

图1-166　马铃薯早疫病叶片黑色斑块

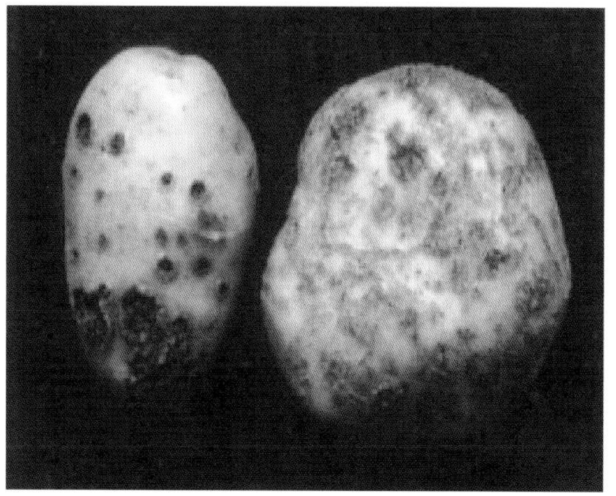

图1-167　马铃薯早疫病病薯症状

【绿色防控】

（1）因地制宜选用抗、耐病良种。重病地块实行2～3年与非茄科蔬菜轮作。

（2）选种早熟耐病品种。与非茄科作物轮作2年以上；选择地势高、土壤肥沃的地方种植；增施磷、钾肥，提高植株长势；合理密植，保持通风透气；及时清除田间病残枝，减少病源。

（3）加强肥水管理，施足底肥，增施有机肥，提高植株抗病力。

（4）药剂防治。发病初期用药喷雾防治，每隔7～10天1次，视病情防治1～3次。药剂可选用70%代森联（品润）干悬浮剂600～800倍液，或用75%百菌清可湿性粉剂600倍液，或用50%乙烯菌核利（农利灵）可湿性粉剂1 000倍液，或用25%嘧菌酯（阿米西达）悬浮剂1 000～1 500倍液，或用78%波尔锰锌（科博）可湿性粉剂600倍液，或用64%恶霜·灵锰锌（杀毒矾）超微可湿性粉剂500倍液，或用50%异菌脲（扑海因）悬浮剂1 000倍液等。病害快速增长期，要加大用药量，均匀喷雾整张叶片。

（5）收获后及时清除病残组织，深翻晒土，减少越冬菌源。

## （二）马铃薯晚疫病

【为害与诊断】马铃薯晚疫病多从下部叶片叶尖或叶缘开始。叶尖或叶缘产生水渍状、绿褐色小斑点，边缘有灰绿色晕环；湿度大时外缘出现一圈白霉，叶背更明显；干燥时病部变褐干枯，如薄纸状，质脆易裂。块茎染病表面出现黑褐色大斑块，皮下薯肉亦呈红褐色，逐渐扩大腐烂。叶柄受害：形成褐色条斑；潮湿时有白色霉层；严重时叶片萎垂、卷曲，全株黑腐。在诊断中重点看叶片（图1-168至图1-171）。

图1-168　马铃薯晚疫病叶尖或叶缘开始

图1-169　马铃薯晚疫病叶片变褐干枯

图1-170　马铃薯晚疫病湿度大时外缘出现一圈白霉

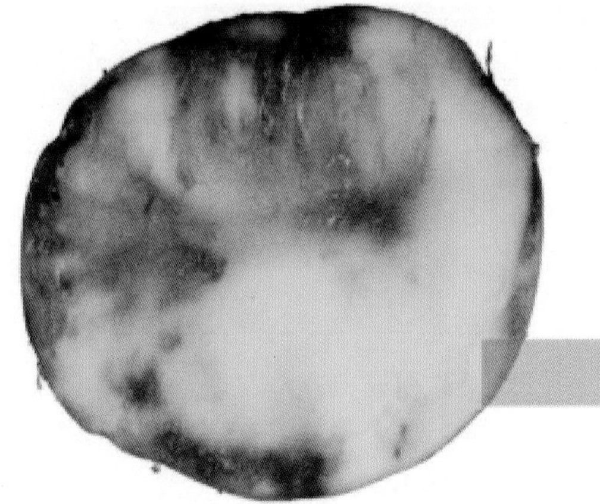

图1-171　马铃薯晚疫病块茎皮下薯肉呈红褐色

【发病条件】晚疫病的发生和潮湿、凉爽的环境有很大的关系，如果潮湿状况、灌溉和凉爽的温度持续时间过长，晚疫病就会发生。

【绿色防控】

（1）农业防治。选用无病种薯，轮作换茬，合理密植，加强栽培管理。

（2）种薯消毒。①切种薯块的工具必须用75%酒精或200倍漂白粉、0.1%～0.2%高锰酸钾溶液浸10min。②可用58%甲霜灵·锰锌可湿性粉剂50g加70%甲基硫菌灵可湿性粉剂100g加20%噻菌酮悬浮剂40～50g，与10～15g滑石粉充分搅拌，均匀拌在100kg略干的种薯块上，不仅可防治晚疫病，还可兼治茎基腐病、早疫病、立枯丝核菌病、黑胫病、软腐病和环腐病。

（3）药剂防治。发病初期药剂防治，可选用药剂有①80%代森锰锌（大生M-45）600～800倍液。②58%甲霜灵·锰锌500倍液。③64%恶霜灵·锰锌（杀毒矾）500倍液。④60%琥·乙膦铝500倍液。以上药剂连续喷2～3次，每次间隔7～10天。

## （三）马铃薯病毒病

【为害与诊断】病毒病是马铃薯发生最普遍、最主要、也是为害最大的病害，是造成马铃薯退化减产的根本原因。

马铃薯病毒病田间表现症状复杂多样，常见的症状类型可归纳如下。

（1）花叶型。即叶片颜色不均，叶脉呈现浓淡相间花叶或斑驳，有时伴有叶脉透明，严重时，叶片皱缩畸形，叶缘卷曲，植株矮化，甚至叶片和块茎出现坏死斑（图1-172至图1-175）。

（2）卷叶型。即叶片沿主脉由边缘向上、向内翻卷成管状或勺状，继而叶片革质化，变硬、变脆，易折断，有时叶片呈紫色，叶脉尤为明显，严重时叶片卷曲呈筒状，植株生长停止或早死，新生薯块少而小，其横剖面上可见黑色网状坏死病变（图1-176）。

（3）坏死型。即在叶、叶脉、叶柄和枝条、茎蔓上出现褐色坏死斑点，后期转变成坏死条斑，严重时全叶枯死或萎蔫脱落（图1-177）。

图1-172　马铃薯病毒病轻花叶型症状

图1-173　马铃薯病毒病卷叶型束顶症状

图1-174　马铃薯病毒病皱缩花叶型症状

图1-175　马铃薯病毒病黄斑花叶

【发病条件】马铃薯病毒病除马铃薯轻花叶症外，都可通过蚜虫及汁液摩擦传毒，蚜虫发生量大发病重。此外，25℃以上高温会降低寄主对病毒的抵抗力，有利于传毒媒介蚜虫的繁殖、迁飞或传病，从而利于该病扩展，加重受害程度，故冷凉山区栽植的马铃薯发病轻。

图1-176　马铃薯病株表现出重度花叶、卷叶、坏死等复合症状

图1-177　马铃薯病毒病坏死型

【绿色防控】

马铃薯病毒病所致的种薯严重退化，产量锐减，已成为发展马铃薯生产的最大障碍。防治本病应以抗病育种为中心，抓好下述环节。

（1）建立无病留种基地。品种基地应建立在冷凉地区，繁殖无病毒或未退化的良种。采用无毒种薯，各地要建立无毒种薯繁育基地，推广茎尖组织脱毒。

（2）改进栽培措施。留种田远离茄科菜地；及早拔除病株；实行精耕细作，高垄栽培，及时培土；避免偏施过施氮肥，增施磷钾肥；注意深耕除草；控制秋水，严防大水漫灌。

（3）现代农业绿色无公害生物防治。预防：在病害常发期使用《蔬菜病毒专用》40g+纯牛奶250ml或有机硅5g，对水15kg喷雾，5～7天用药1次，连用2～3次。

控制方案：初发现病毒病株，使用《蔬菜病毒专用》40g+有机硅1包或纯牛奶250ml对水15kg，进行全株喷雾，连用2天，间隔5天，再用1次，待病情完全得到控制后转为每个疗程用一遍药预防进行即可。

（4）药剂防治。马铃薯病毒病传播途径主要是靠蚜虫传播，因此防病同时要治虫防。防病毒病可用20%病毒A可湿性粉剂500倍液，32%核苷溴吗啉胍30～50ml对水15kg，病菌速灭13ml/亩，1.5%植病灵K号乳剂1 000倍液、15%病毒必克可湿性粉剂500～700倍液等杀菌农药。

## （四）马铃薯软腐病

【为害与诊断】马铃薯软腐病在全世界马铃薯产区都有发生，一般年份减产3%～5%，常与干腐病复合感染，引起较大损失。

马铃薯软腐病主要在生长后期、贮藏期对薯块为害严重。主要为害叶、茎及块茎。叶染病近地面老叶先发病，病部呈不规则暗褐色病斑，湿度大时腐烂。茎部染病多始于伤口，再向茎秆蔓延，后茎内髓组织腐烂，具恶臭，病茎上部枝叶萎蔫下垂，叶变黄。块茎染病多由皮层伤口引起，初呈水浸状，后薯块组织崩解，发出恶臭。受害块茎初在表皮上显现水浸状小斑点，以后迅速扩大，并向内部扩展，呈现多水的软腐状。腐烂组织变褐色至深咖啡色。组织内的菌丝体初期白色，后期变为暗褐色。湿度大时，病薯表面形成浓密、浅灰色的絮状菌丝体，以后变灰黑色，间杂很多黑色小球状物（孢子囊）。后期腐烂组织形成隐约的环状。湿度较小时，可形成干腐状。在诊断中重点看块茎（图1-178至图1-183）。

图1-178　马铃薯软腐病老叶先发病，病斑呈不规则暗褐色

图1-179　马铃薯软腐病病茎上部枝叶萎蔫下垂

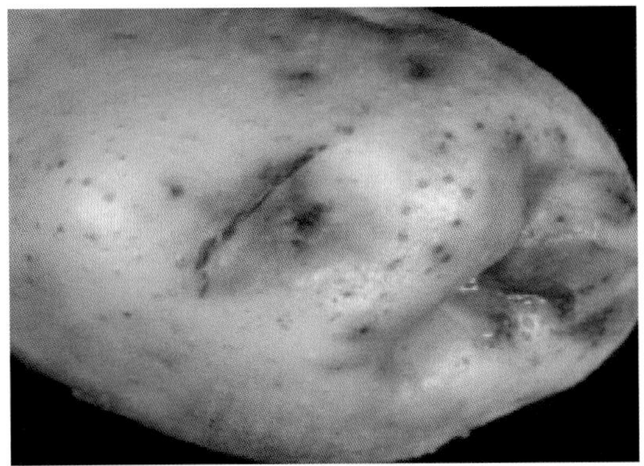

图1-180　马铃薯软腐病块茎初期症状

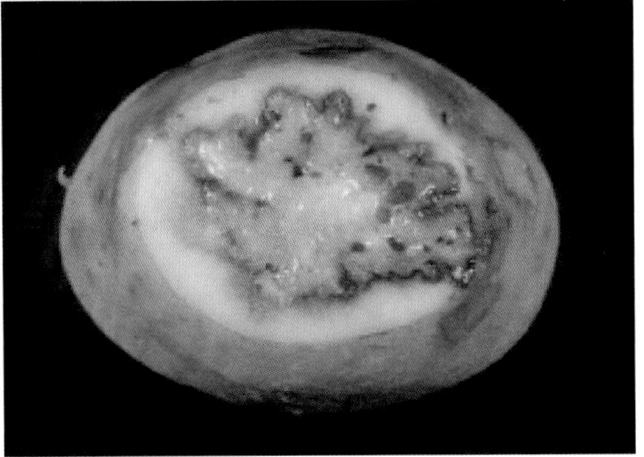

图1-181　马铃薯软腐病组织内的症状

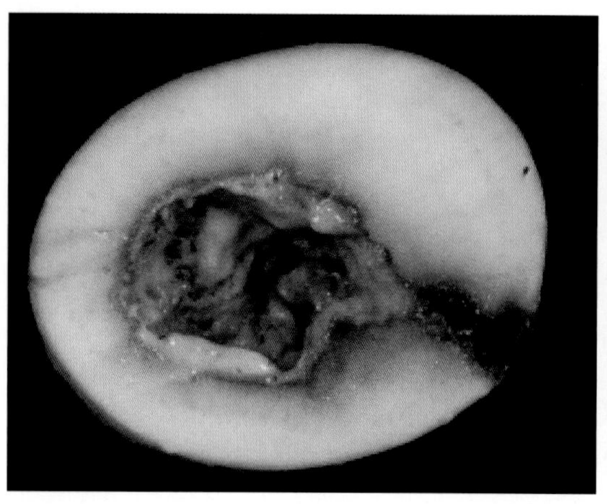
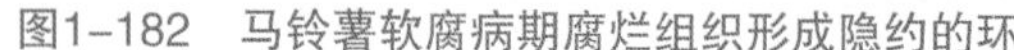
图1-182　马铃薯软腐病期腐烂组织形成隐约的环

图1-183　马铃薯软腐病受害块病薯

【发病条件】暖和高湿及缺氧有利于块茎软腐。地温在20～25℃或在25℃以上，收获的块茎会高度感病。咀嚼式口器昆虫密度大、早播株衰、肥料未腐熟地块连作、植株自然裂口多及黑腐病严重时，此病易大发生。

【绿色防控】

（1）播种前进行选种和晒种，清除有病块茎；最好采用小整薯播种；切块中遇到带病种薯时，应对切刀进行消毒。

（2）马铃薯栽培上要注意田间通风透光，降低田间湿度，发现病株及时拔除，然后用石灰水消毒减少田间初侵染和再侵染，生长中期遇干旱应小水勤烧避免大水漫灌。

（3）发病初期，喷洒5%琥胶肥酸铜可湿性粉剂500倍液或14%络氨铜水剂300倍液或20%噻菌酮悬浮剂或2%噻菌酮悬浮剂400倍液或77%氢氧化铜可湿性粉剂500倍液。

（4）适时安全收获。收获前5～7天停止浇水，以保证土壤干燥；收获时要避免擦伤薯皮；晾干薯皮后再装运。凡机械损伤的薯块不入窑贮藏。在收获和贮藏过程中不能乱扔有病块茎和茎叶，尤其不能扔到田边地头的灌溉渠中，也不能用来沤肥。

（5）加强贮藏期管理，做到干净、干燥、通风。堆放马铃薯薯块不超过30cm，10天左右翻捡1次，随时剔除带有马铃薯软腐病病薯的烂薯。

## （五）马铃薯疮痂病

【为害与诊断】感病马铃薯表皮有大小不等、深浅不一的疮疤，故称为疮痂病。感病后对马铃薯的品质影响很大，造成商品价值下降，一般可减产10%～30%，部分地块甚至减产40%以上。

主要侵染块茎，块茎染病先在表皮产生浅棕褐色的小突起，逐渐扩大，木栓化，表面粗糙，后期在病斑表面形成凸起或凹陷型疮痂状硬斑块。病斑仅限于表皮，不深入薯内。在诊断中重点看块茎（图1-184、图1-185）。

【发病条件】适合该病发生的温度为25～30℃，中性或微碱性沙壤土发病重，pH值5.2以下很少发病。病薯长出的植株极易发病，健薯播入带菌土壤中也能发病。

图1-184　马铃薯疮痂病薯块凸起或凹陷型斑块

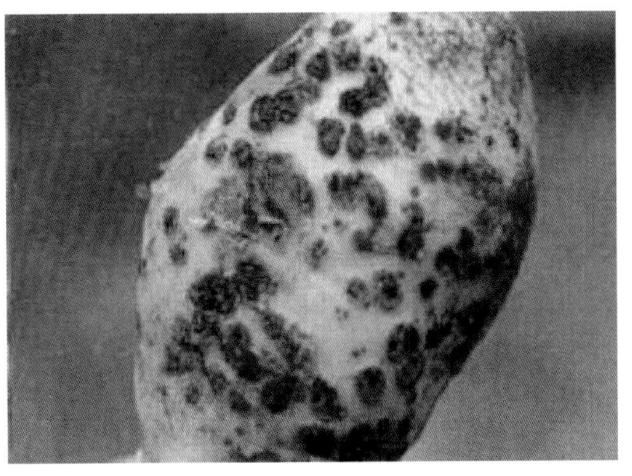

图1-185　马铃薯疮痂病薯疮痂状硬斑块

【绿色防控】

（1）选用抗疮痂病品种，或无病种薯，不从病区调种。

（2）多施有机肥或绿肥，施用酸性肥料以提高土壤酸度，保持土壤pH值在5～5.2，可抑制发病。

（3）实行轮作换茬，要坚持施用有机肥、生物有机肥料。对于曾经发生疮痂病的大田，与葫芦科、豆科、百合科蔬菜进行5年以上轮作。

（4）改善种植大田的水系设施，确保结薯期能够及时灌溉，保持田间湿润管理；在块茎生长期间，保持土壤湿度，结薯期遇干旱应及时浇水。

（5）药剂防治。可用0.2%福尔马林溶液在播种前浸种2h，或用对苯二酚100g，加水100L配成0.1%的溶液，于播种前浸种30min，然后取出晾干播种。在发病初期使用65%代森锰锌可湿性粉剂1 000倍液或新植霉素（100万单位）5 000倍液或丁戊己二元酸铜（DT）可湿性粉剂500倍液或琥·乙膦铝（DTM）可湿性粉剂1 000倍液或50%春雷霉素（加瑞农）可湿性粉剂600倍液，77%氢氧化铜（可杀得）可湿性粉剂600倍液等，每隔7～10天1次，连续喷2～3次。

（6）秋收后摊晒块茎，剔除病烂薯，喷洒20%噻菌酮悬浮剂50%多菌灵可湿性粉剂800倍液，晾干入窖，可防烂窖；春季要晒种催芽，淘汰病、烂薯，可有效减少病害的发生。

## 九、白菜类

白菜类蔬菜是中国北方老百姓常吃、并且有特殊感情的蔬菜之一，但其病害较多，有30种左右，为害普遍而严重的有病毒病、霜霉病、软腐病、黑腐病、白斑病、黑斑病、干烧心、炭疽病、根肿病、白锈病等。

### （一）白菜类病毒病

【为害与诊断】白菜类病毒病又称“花叶病”“孤丁病”“抽疯病”。可为害白

菜、甘蓝、花椰菜等十字花科蔬菜。苗期、成株期都可以染病，主要为害叶片。此病发生普遍，为害严重，以夏、秋季发病较重。一般流行年份即可造成减产20%～30%，大流行时，会严重影响冬季蔬菜的供应。在诊断中重点在叶片。

苗期发病，心叶呈明脉或叶脉失绿，后变为浓淡绿色相间的花叶或斑驳，叶片皱缩不平，心叶扭曲，生长缓慢（图1-186、图1-187）。

成株期感病早的，叶片皱缩，凹凸不平，质硬而脆，叶背叶脉上有褐色稍凹陷坏死斑点或条纹，植株明显矮化畸形，不能正常包心，俗称“抽疯”（图1-188至图1-191）。

图1-186　病毒病苗期典型症状（明脉）

图1-187　病毒病苗期典型症状（叶片皱缩）

图1-188　病毒病成株期典型症状（不包心）

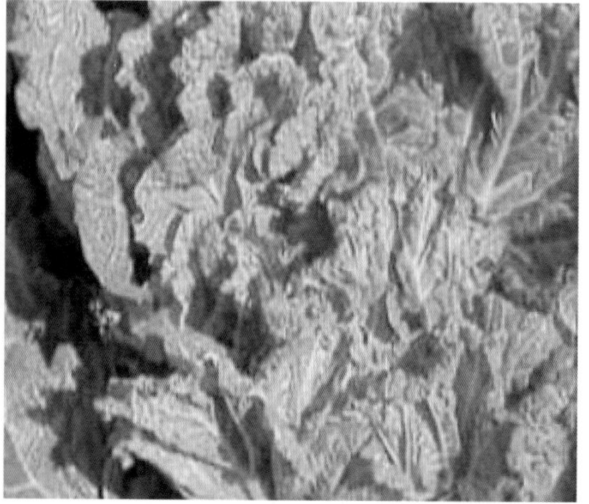
图1-189　病毒病成株期典型症状（抽疯）

感病晚的，只在植株一侧或半边呈现皱缩畸形，或显轻微皱缩和花叶，仍能结球，叶球外叶黄化、内层叶片的叶脉和叶柄处出现小褐色病斑，叶球商品性差，不易煮烂（图1-192、图1-193）。

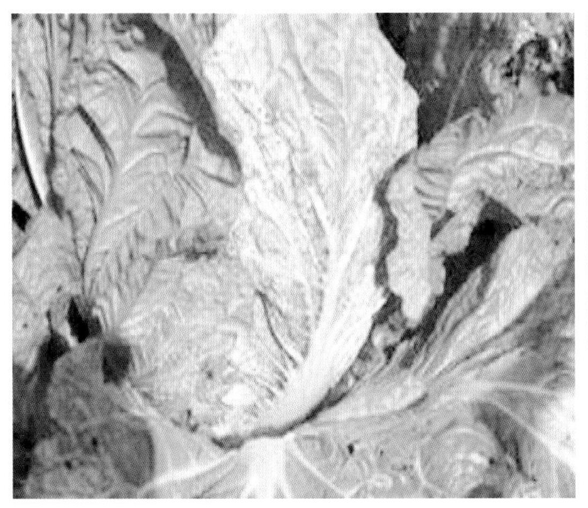

图1-190　病毒病成株期典型症状（孤丁）

图1-191　病毒病成株期典型症状（丛生）

图1-192　叶片皱缩畸形、外叶黄化，有褐色病斑

图1-193　病毒病大面积发病的田间症状

【发病条件】此病是由病毒引起的病害，病毒传播扩散除蚜虫外，还可通过汁液接触如病健株接触磨擦，农事操作等途径。此病的发生与寄主生育期、气候、栽培条件、播种期、品种等有关。气温高，天气干旱，播种早，蚜虫多，发病严重。

【绿色防控】

（1）农业防治。选用抗病毒品种，如北京新1号、抱头青、丰抗70、青杂上3号、小杂56、矮抗青等。实行2～3年轮作，最好是水旱轮作；合理施肥，种植前施足基肥，增施磷钾肥，控制少施氮肥，及时追肥；适期晚播，使苗期避开高温期，可减轻发病，尽量采取直播；适时定植，剔除病苗，发现病株及时拔除、深埋。

（2）生态防治。苗期遇高温干旱，必须小水勤浇，降温保湿，促进白菜植株根系生长，提高抗病能力。雨后及时开沟排水；也可用银灰色遮阳网或22目防虫网育苗避蚜防病。

（3）药剂防治。防治病毒病，必须及时、彻底防治蚜虫，必须把蚜虫消灭在迁飞以前的毒源植物上。同时，抓紧苗期治蚜；春季播种株和春播十字花科蔬菜也应治蚜，防止蚜虫带病毒传播。防治蚜虫可喷洒40%乐果乳油2 000倍液或20%杀灭菊酯乳油3 000

倍液等。发病初期也可用50%多菌灵可湿粉500倍液或用20%甲基立枯磷乳油1 200倍液喷洒或40%腐霉利（菌核净）可湿粉1 000～1 500倍液或50%腐霉利（乙烯菌核利）可湿粉1 000～1 500倍液，交替喷施3～4次，隔7～10天喷1次。

## （二）白菜类霜霉病

【为害与诊断】白菜类霜霉病又叫“跑马干”“白霉病”“霜叶病”“龙头病”，是一种真菌性病害，整个生育期均可发病，主要为害叶片，是大白菜三大病害之一，流行年份可造成减产50%～60%。在诊断中重点在叶片。

莲座期叶片染病，先从外叶开始，发病初期叶片正面出现淡绿色或黄绿色水渍状斑点，后扩大成黄褐色，病斑受叶脉阻隔成多角形，潮湿时叶背面生白色霜霉状物；大白菜进入包心期后病情加速，从外叶向内发展，严重时叶片脱落仅剩小小的心叶球或不能包心。留种植株发病，花梗肥肿弯曲畸形，花瓣变绿、不易凋落，可长出白色霜霉状物，导致结实不良（图1-194至图1-197）。

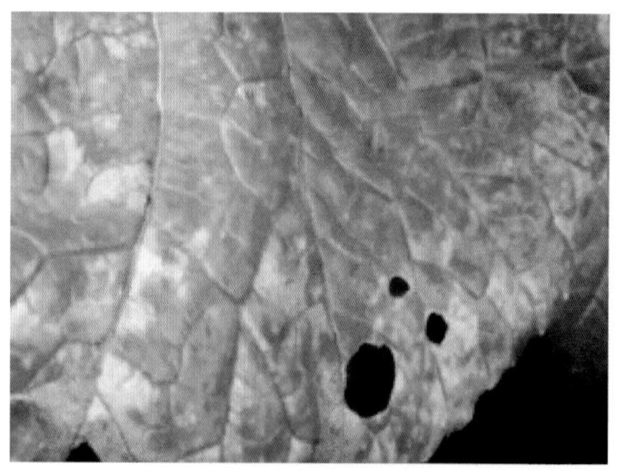
图1-194　大白菜霜霉病病叶黄褐色多角形病斑

图1-195　大白菜霜霉病病叶灰白色多角形病斑

图1-196　大白菜霜霉病叶背面白色霜霉状物

图1-197　大白菜霜霉病大面积发病时田间症状

【发病条件】病菌喜温暖高湿环境，适宜发病温度7～28℃，最适发病温度为20～24℃，相对湿度90%以上。霜霉病的发生与气候条件、品种抗性、栽培措施等均有关，

其中的气候条件影响最大。多雨、多雾或田间积水发病较重，栽培上多年连作、播种期过早、氮肥偏多、种植过密、通风透光差，发病重。

【绿色防控】

（1）农业防治。因地制宜选择抗病品种，如矮抗青、山东1号、青杂3号、青杂5号等；加强田间管理，重病地与非十字花科蔬菜两年轮作；提倡深沟高畦，密度适宜，蹲苗不宜过长，及时清理水沟保持排灌畅通，施足有机肥，适当增施磷钾肥，促进植株生长健壮；适期晚播，北京地区以立秋播种为好；种子处理，用种子重量的0.3%的40%三乙膦酸（乙膦铝）可湿性粉剂或75%百菌清可湿性粉剂拌种，收获后清洁田园，秋季深翻。

（2）药剂防治。在发病初期，每隔7～10天防治1次，连续3～4次；中等至中偏重发生年份，每隔5～7天防治1次，连续4～6次，可选用72%霜脲氰·锰锌（克露）可湿性粉剂1 000倍液或72.2%霜霉威盐酸盐（普力克）水剂600～800倍液或72.2%霜霉威水剂600～800倍液或25%甲霜灵可湿性粉剂600～800倍液或65%代森锌可湿性粉剂600～800倍液或75%百菌清可湿性粉剂600倍液或40%三乙膦酸铝（乙膦铝）可湿性粉剂400倍液等喷雾防治。

提个醒：最后一次喷药至收获严格根据国家有关农药安全间隔期规定进行。

### （三）白菜类软腐病

【为害与诊断】白菜类软腐病，也称“腐烂病”“烂疙瘩”“烂葫芦”“脱帮子”“水烂病”，是大白菜生产中一种毁灭性病害，如果发生，可成片绝收。该病不仅在白菜生长后期为害，而且在贮藏期间可继续扩展为害，造成烂窖。

主要为害叶片、柔嫩多汁组织及茎或根部，田间诊断重点在叶片。

各生育期均可为害，以莲座期到包心期发病为主，常见症状有3种，即基腐型、心腐型和外腐型。

（1）基腐型。外叶呈萎蔫状，莲座期可见菜株于晴天中午萎蔫，但早晚恢复，持续几天后，病株外叶平贴地面，心部或叶球外露，叶柄茎或根茎处髓组织溃烂，流出灰褐色黏稠状物，轻碰病株即倒折溃烂（图1-198）。

图1-198　基腐型软腐病“脱帮子”症状

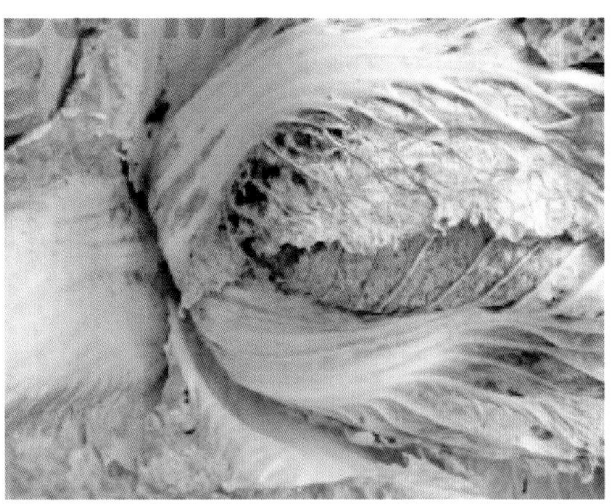

图1-199　心腐型软腐病“烂疙瘩”症状

（2）心腐型。病菌由菜帮基部伤口侵入菜心，形成水浸状浸润区，逐渐扩大后变为淡灰褐色，病组织呈黏滑软腐状。菜心部分叶球腐烂，结球外部无病状（图1-199）。

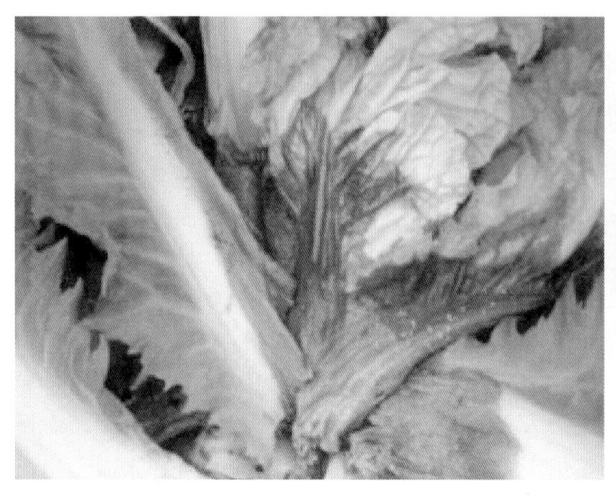

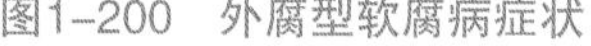
图1-200　外腐型软腐病症状

图1-201　叶柄基部与根茎交界处褐色腐烂症状

（3）外腐型。病菌由叶柄或外部叶片边缘，或叶球顶端伤口侵入，引起腐烂（图1-200）。

上述3类症状在干燥条件下，腐烂的病叶经日晒逐渐失水变干，呈薄纸状，紧贴叶球。病烂处均产出硫化氢恶臭味，成为本病重要特征，别于黑腐病。窖藏的白菜带菌种株，定植后也发病，致采种株提前枯死（图1-201、图1-202）。

图1-202　大白菜软腐病大面积发病田间症状

【发病条件】此病是一种细菌性病害，病菌生长发育的最适温度25～30℃，不耐光或干燥，在日光下暴晒2小时，大部分死亡，因此，多雨、田间积水，不利于蔬菜植株根系生长发育，使植株抗病性下降，有利于病菌繁殖传播，易引起病害流行；前茬作物为软腐病菌的寄主植物，且收获后未经翻耕暴晒，清理病残株，病菌积累多，发病重。贮藏窖$CO_2$浓度过多，缺氧，温度高，湿度大，易引起烂窖。

【绿色防控】

（1）农业防治。选用抗病品种，一般早熟白帮类型的品种容易感病，青帮类型的品种抗病性较强，直筒类型的品种比卵圆类型、平头类型的品种抗病性强，如北京新3号等。尽可能选择前茬为大小麦、水稻和豆类作物，避免与十字花科、葫芦科、茄科蔬菜连作。

（2）生态防治。加强田间管理，提前2～3周深翻晒垄，清理病残体；适期播种，起垄种植，适当稀植；早间苗，晚定苗，适度蹲苗；小水勤灌，雨后及时排水；施足底肥（有机肥），增施磷、钾、钙套餐肥，增强苗势；发现病株后及时清除，病穴撒生石灰进行消毒。及时防治小菜蛾等害虫，减少害虫为害引起的伤口，同时避免田间操作造成伤口传播。

（3）生物防治。播种前，用种子量1%～1.5%的2%中生菌素（克菌康）可湿性粉剂拌种；发病前，用2%宁南霉素（菌克毒克）水剂260～300倍液喷雾；还可以用ANT1-88908A(安替)可湿性粉剂灌根减少土壤中残存病菌和地上部健壮植株的发病率。苗期使用时，对水100倍蘸根种植；生长期使用时，对水300～500倍灌根，使用1～2次，苗期1次，生长期1次，病害严重时，可适当增加使用次数。间隔7～10天喷1次，连喷2～3次。

（4）药剂防治。发病初期，用50%氯溴异氰尿酸（消菌灵）可溶性粉剂1 500～2 000倍液、6%氨基寡糖素（施特灵）水剂300～400倍液、20%噻森铜悬浮剂500～1 000倍液、14%络氨铜水剂350倍液、80% 代森锌可湿性粉剂500倍液喷雾，每隔10天喷1次，交替轮换用药视病情连喷2～3次。

## （四）白菜类细菌性黑腐病

【为害与诊断】白菜类细菌性黑腐病俗称“黑腐病”，是一种为害大白菜等十字花科类蔬菜的病害。各个生长期都会发病，贮藏期也可继续为害，以成株期发病为主。田间诊断主要在叶片。成株期染病，引起叶斑或黑脉，叶斑多以叶缘向内扩形成“V”字黄褐色枯斑。病斑周围的叶组织淡黄色，与健部界限不明显，有时病菌可沿叶脉向里发展形成黄褐或深褐色网脉。从伤口侵入时，可在叶片任何部位形成不规则的病斑，扩展后致叶肉变褐枯死。叶帮染病，病菌沿维管束向上扩展，呈深褐色，造成部分菜帮干腐，叶片向一边歪扭，半边叶片或植株发黄，部分外叶干枯、脱落，严重时植株倒瘫。茎基也有时菜根维管束变黑、腐烂，形成黑色空心的干腐。该病腐烂时不臭，别于软腐病。但有时与软腐病混发，产生脱帮（图1-203至图1-208）。

图1-203　黑腐病初期叶缘内扩形成“V”字黄褐色枯斑

图1-204　黑腐病叶片发病初期症状

图1-205　黑腐病叶片发病中期症状

图1-206　黑腐病叶片发病后期症状

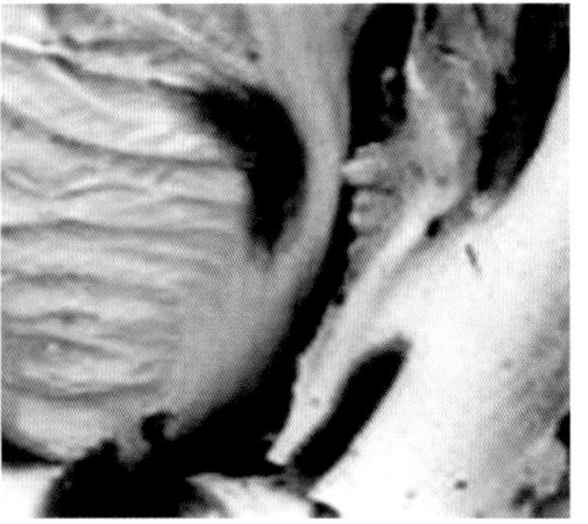

图1-207　黑腐病叶柄、茎基维管束变黑、腐烂

图1-208　大白菜黑腐病大面积发病症状

【发病条件】病菌借雨水、灌溉水、农具操作及昆虫传播，从水孔或伤口侵入。此菌生长发育适温25～30℃，致死温度51℃，10min。一般与十字花科连作，或高温多雨天气及高湿条件，叶面结露、叶缘吐水，利于病菌侵入而发病。管理粗放，植株徒长或早衰，害虫猖獗，或暴风雨频繁发病也较重。

【绿色防控】

（1）农业防治。选用抗病优良品种。加强田间管理。①适期播种，避免过早播种。②使用无病种子。种子带菌要进行消毒处理，可用50℃温水浸种30min，或用种子重量0.4%的50%福美双拌种。③重病地进行2年以上轮作。④适度蹲苗。合理灌水，雨后及时排水。及时防虫。田间农事操作注意减少伤口。⑤收后清除田间病残体，随之深翻土壤。⑤科学肥水管理，降低病虫源数量；冬季翻耕土地；避免施用未腐熟农家肥；合理施肥灌溉；尽量减少根系损伤、叶片破损，防止虫害伤口等综合防治措施。

（2）生态防治。用黄色粘虫板防治蚜虫；黑光灯或频振式杀虫灯防治蛾类等。

（3）药剂防治。发病初期及时拔除中心病株，并喷洒14%络氨铜水剂350倍液，或用77%氢氧化铜（可杀得）可湿性粉剂500倍液，或用30%碱式硫酸铜（绿得宝）悬浮剂350倍液，或用50%福美双可湿性粉剂500倍液，23%络胺铜（垦克菌）0.2～0.25g/株，2%春雷霉素（加收米）液剂140～170ml/亩，隔7～10天1次，连续防治2～3次。

## （五）白菜类白斑病

图1-209　大白菜白斑病前期病叶黄褐色圆形小点

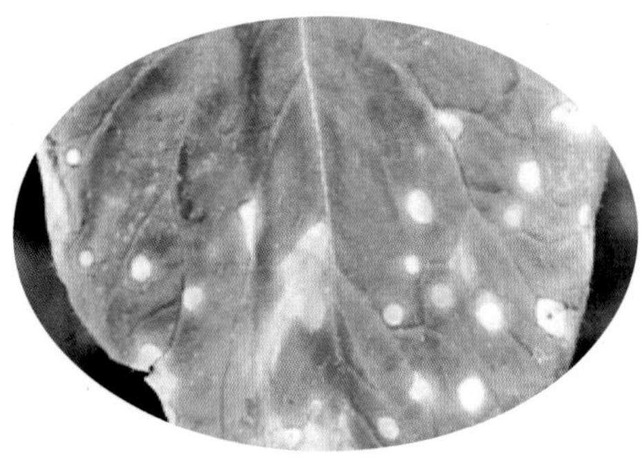

图1-210　大白菜白斑病中期病叶灰白色病斑

【为害与诊断】白菜类白斑病分布普遍，有些年份为害较重，可为害大白菜、萝卜等多种十字花科蔬菜。以秋季发生较多，叶片受害严重时枯黄脱落，对产量和品质影响很大。诊断中重点在叶片。

病菌仅为害叶片。植株从基部成熟叶片开始发病，后渐次向上发展，受害叶片初现黄褐色圆形小点，并逐渐扩大成为近圆形，一般直径为6～10mm病斑，病斑中央由褐色转为灰白色，有时有1～2轮不显著的轮纹，周缘具淡黄绿色的晕圈。叶背病斑与叶面相同，但周缘为深褐色，外围微带浓绿。潮湿时病斑背面产生灰白色霉状物，最后病斑变白色，呈半透明，易破裂穿孔。病害严重时，一张叶片上病斑很多，常连结成片，使叶片早枯。如火烤过的一样，致使全田呈现一片枯黄的现象（图1-209至图1-212）。

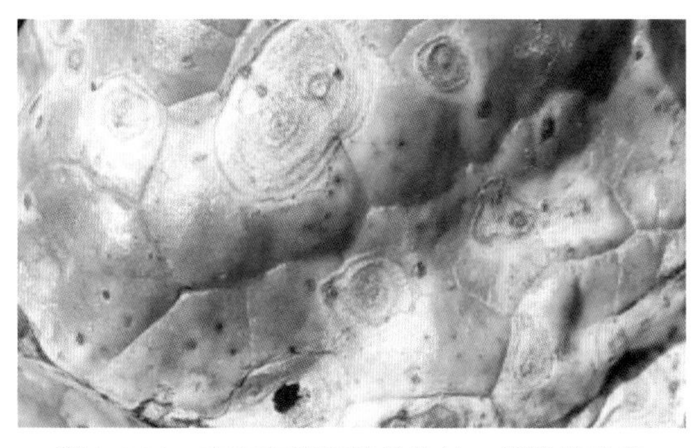

图1-211　病斑有不显著的轮纹，周缘具淡黄绿色的晕圈

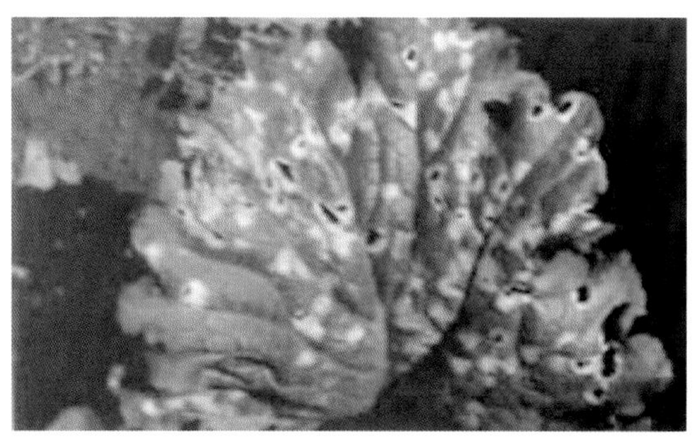

图1-212　大白菜白斑病后期病叶呈半透明，易破裂穿孔

【发病条件】病害在气温5～28℃范围内均可发生，但以11～23℃最易发生，在这温度范围内，相对湿度高于62%，或前后降雨超过10mm，病害即可发生。秋季雨水多，昼夜温差大，叶面易结露时，病害易流行。植株生长衰弱，抗病力差也易感病；连作田块，早播田块往往发病较重。

【绿色防控】

（1）农业防治。因地制宜选用抗病品种，常见的抗病品种有玉青、小青口、辽白1号、北京新4号等。加强田间栽培管理。①清洁田园，收获后及时清除病叶用作堆肥或饲料，并深翻耕土壤，加速病残体的腐烂分解，以减少田间病菌来源。②种子消毒。可用50℃温汤浸种20min后立即移入冷水中冷却，凉干播种；或用种子重量0.4%的40%福美双可湿性粉剂或50%多菌灵拌种后播种。③选择地势较高、排水良好的地块种植。要注意平整土地，发病比较严重的地块与非十字花科蔬菜进行2年以上轮作。适期晚播，密度适宜，收获后深翻土地，施足腐熟的有机肥，增施磷、钾肥，提高植株抗病能力，使发病减轻。雨后排水，及时清除病叶，收获后清除田间病残体并深翻土壤。

（2）药剂防治。发病初及时喷药保护，药剂可选用80%代森锰锌（喷克）可湿性粉剂600倍液，或用75%代森锰锌（猛杀生）干悬浮剂500～600倍液，或用70%代森联（品润）干悬浮剂600～800倍液，或用50%多菌灵可湿性粉剂800倍液，或用70%甲基硫菌灵（甲基托布津）1 000倍液，或用75%百菌清600倍液等，每隔7～10天喷1次，连续喷2～3次。

## （六）白菜类炭疽病

【为害与诊断】白菜类炭疽病分布全国各大白菜产区，是白菜类蔬菜的一种重要病害。主要为害大白菜、菜心等十字花科蔬菜，多雨地区或年份一般为害较重，潮湿季节可造成大片菜苗枯死，成株叶片枯干，易造成减产减收。在诊断中重点在叶片。

该病为害叶片、叶柄、叶脉，也可为害花梗和种荚等，但主要为害叶片。下部老叶发病早且重。外叶发病较严重，球叶次之，心叶最轻。病叶初为苍白色水浸状小斑点，近圆形，半透明，易穿孔；后扩大为灰褐色，边缘为褐色并微凸起的圆满斑，最后病斑中央退为灰白色。叶柄病斑长圆形或纺锤形至梭形凹陷，灰褐色，潮湿时病斑现红点（图1-213至图1-216）。

图1-213　大白菜炭疽病初期症状

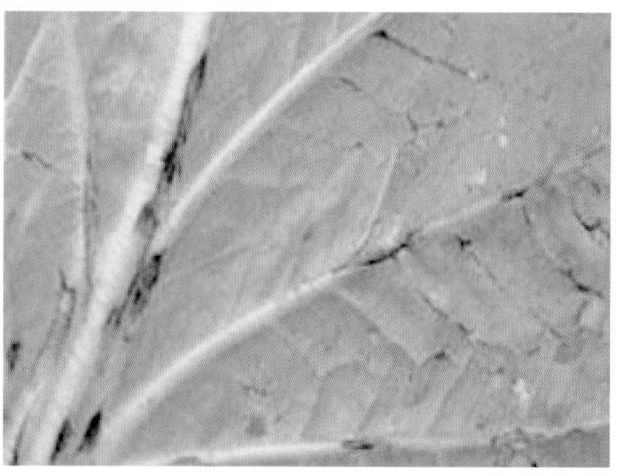

图1-214　大白菜炭疽病中期叶柄、叶脉症状

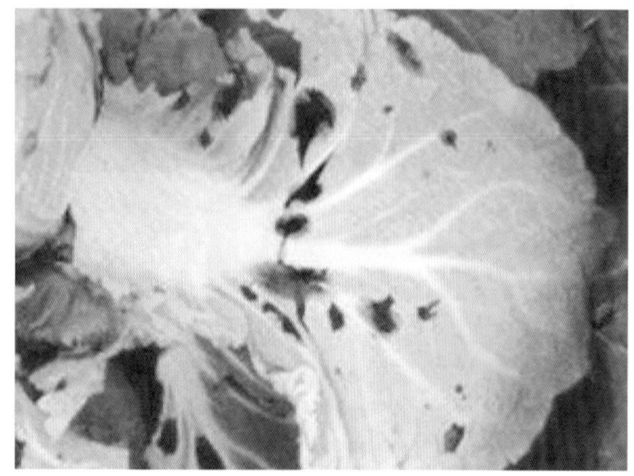

图1-215　大白菜炭疽病发病严重时叶片穿孔

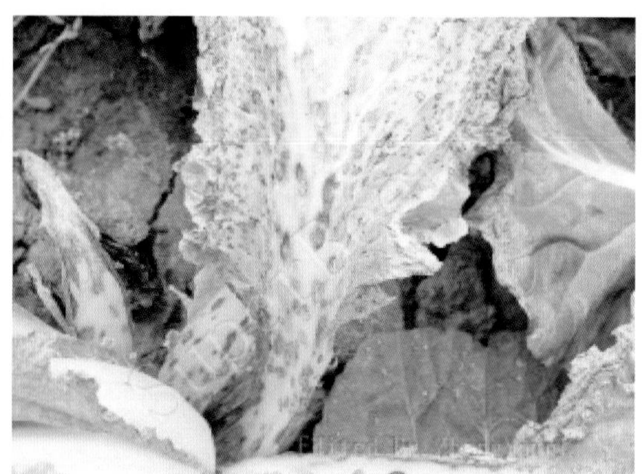

图1-216　大白菜炭疽病后期叶柄、叶片症状

【发病条件】白菜类炭疽病病菌喜高温潮湿。病菌在13～38℃均可生长发育，但以26～30℃最适。因此秋季早播，遇多雨天气，有利病害发生；春季病害往往发生较轻。青帮品种较白帮品种抗病；地势低洼、种植过密、氮肥施用过多的田块常发病较重。

【绿色防控】

（1）农业防治。因地制宜选用抗病品种，选用无病种子或种子处理。最好从无病留种株上采收种子，也可用50℃温汤浸种20min后立即移入冷水中冷却；或用50%多菌灵600倍液或50%福美双200倍液浸种20min，冲洗药液，晾干播种。加强栽培控病管理。与非十字花科作物隔年轮作以减少田间病菌来源；合理施肥，增施磷钾肥，增强植株抗病力；合理密植；小水勤浇，避免田土过湿；因地制宜适当调整播植期；清除病残体后深翻，施足有机底肥。

（2）药剂防治。药剂选用25%咪鲜胺（施保克）乳油3 000～4 000倍液，或用70%代森联（品润）干悬浮剂600～800倍液，或用50%嘧菌酯（翠贝）干悬浮剂3 000～4 000倍液，或用25%嘧菌酯（阿米西达）悬浮剂1 000～1 500倍液，或用25%咪鲜胺（绿怡）乳油1 500倍液，或用25%咪鲜胺乳油1 500倍液，或用80%代森锰锌（大生M-45）可湿性粉剂600～800倍液，或用代森锰锌（喷克）可湿性粉剂600～800倍液，或用70%甲基菌硫灵（甲基托布津）可湿性粉剂1 000倍液，或用50%多菌灵可湿性粉剂800倍液，或用75%

百菌清可湿性粉剂600倍液，或用80%炭疽福美可湿性粉剂800倍液等。在发病初期开始喷药，每隔10天喷1次，共喷2～3次。

注意：交替使用，采收前10～15天停止用药。

### （七）白菜类根肿病

【为害与诊断】白菜类根肿病又名“根瘤病”“萝卜根”，我国大部分地区均有分布，其中南方白菜产区发病严重，可造成植株成片萎蔫和死亡，对产量影响很大。本病除为害大白菜外，还可为害100余种栽培和野生十字花科植物。整个生育期均可感病，但以苗期最感病，发病最重；菜株包心后染病，即使地下部形成肿瘤，地上部也无明显萎蔫，对产量影响不大。在诊断中重点在根部。

白菜类根肿病仅为害根部，以根部被害后形成肿瘤为主要特征。病株表现矮黄，叶色变淡，生长缓慢，晴天中午病株凋萎，后整株死亡。挖出病株可见主、侧根上形成大小不一的肿瘤，主根上肿瘤大而量少，侧根上肿瘤小而量多。发病初期肿瘤光滑，圆球形或近球形，后期变为粗糙、龟裂；在发病初期地上部分病状不明显，后期表现为生长迟缓、矮化等缺水缺肥症状，病株自基部叶片开始，出现萎蔫，初始白天萎蔫，晚间或阴雨天能恢复，而后重病地块病株不能恢复、逐渐褪黄、萎蔫、死亡。病部易被软腐病等细菌侵染，造成组织腐烂发出臭味，成片死亡（图1-217、图1-218）。

图1-217　大白菜根肿病根部肿瘤

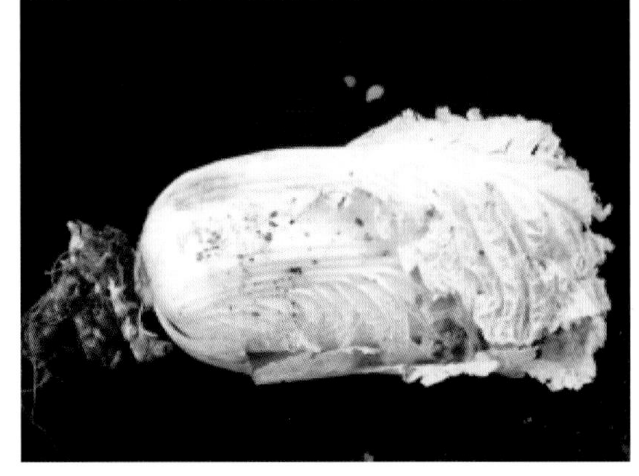

图1-218　大白菜根肿病成株期受害症状

【发病条件】孢子囊借雨水、灌溉水、地下害虫和农事操作等传播蔓延，病菌适宜发病温度范围在9～30℃，相对湿度为70%～98%，土壤偏酸性，容易发病。地势低洼或水改旱的菜地，发病较重。

【绿色防控】

（1）农业防治。①合理轮作。重病地与非十字花科蔬菜作物实行4年以上轮作。②土地处理。酸性土壤施用生石灰100～150kg/亩，调节土壤pH值为7～7.2为宜。③高垄栽培，雨后及时排水。④施足底肥，增施磷、钾肥，增强苗势。⑤清洁田园。发现病株及时拔除深埋，并在病穴周边撒上生石灰，防止病菌蔓延。11月对换茬病田清除根肿病

残体，翻耕土壤，加速病残体分解，减少田间菌源。

（2）药剂防治。可选用15%恶霉灵水剂500倍液或70%甲基硫菌灵（威尔达甲托）600倍液灌根，每穴药液量为250ml，每隔7天灌1次，连续3～4次。收获前10天须停止用药。

### （八）白菜类白锈病

【为害与诊断】白菜类白锈病除为害白菜外，还为害芥菜、油菜、萝卜等多种十字花科蔬菜和植物。白菜类白锈病主要为害叶片，诊断中重点在叶片。

叶片染病，叶正面出现边缘不明晰的褪绿黄斑，在相应的叶背面则出现白色或乳黄色稍隆起的疱斑，随后疱斑破裂散发出白色粉状物，此即为本病病征（病菌孢子囊）。留种株茎部、花梗及花器染病，茎部、花梗表现促进性病状——患部肿胀、歪扭，花器膨大，花瓣呈绿叶变态，严重的表现为菜农俗称的“龙头拐”。如与霜霉病一起并发，“龙头拐”病状更为明显（图1-219、图1-220）。

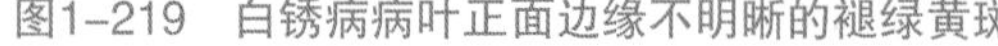

图1-219　白锈病病叶正面边缘不明晰的褪绿黄斑

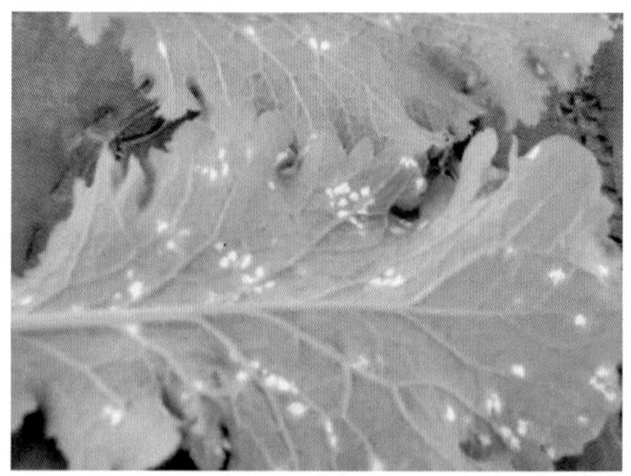

图1-220　白锈病病叶背面白色稍隆起的疱斑

【发病条件】白菜类白锈病病菌在0～25℃均可萌发，潜育期7～10天。故此病多在纬度或海拔高的地区和低温年份发病重，昼夜温差大露水重，连作或偏施氮肥，植株过密，通风好及地势低排水不良田块发病重。

【绿色防控】

（1）农业防治。与非十字花科作物实行2年以上轮作；加强田间栽培管理，适期播种，合理密植；合理灌水，雨后及时排水；施足底肥，增施磷、钾、钙套餐肥嘉美红利、赢利来、内钾德，增强苗势；及时清除田间病残体，减少病原体。

（2）药剂防治。发病初期喷洒25%甲霜灵可湿性粉剂800倍液或58%甲霜灵·锰锌可湿性粉剂500倍液或64%恶霜灵锰锌（杀毒矾）可湿性粉剂500倍液，每亩喷药液50～60L，隔10～15天1次，防治1～2次。

## 十、萝　卜

萝卜根作蔬菜食用，是秋、冬季的主要蔬菜之一，其主要病害有霜霉病、黑斑病、

白锈病、黑腐病等。

### （一）萝卜霜霉病

【为害与诊断】萝卜霜霉病，俗称“烘病”是其生长过程中的高发病害，为害十分严重，一般秋冬萝卜比夏秋萝卜发病重。

萝卜霜霉病苗期至采种期均可发生，诊断重点是叶片，病害从植株下部向上扩展，叶面初现不规则褪绿黄斑，后渐扩大为多角形黄褐色病斑。湿度大时，叶背或叶两面长出白霉，发病严重时，病斑连片，叶变黄且干枯。茎部染病现黑褐色不规则状斑点。种株染病，种荚多受害，病部呈淡褐色不规则斑，受害花梗肿大弯曲，花瓣变绿久不凋落（图1-221、图1-222）。

图1-221　萝卜霜霉病叶片正面症状

图1-222　萝卜霜霉病叶片背面症状

【发病条件】萝卜霜霉病的发生气候条件影响最大。发病适温16～20℃，病斑发展最快的温度在20℃以上，特别是在高温24～25℃下容易发展为黄白色的枯斑。湿度对此病的发生流行比温度更为重要，相对湿度高于70%，有连续5天以上的连阴雨天气1次，有感病品种和菌源，发病迅速。

【绿色防控】

（1）农业防治。因地制宜选用抗病品种。重病地与非十字花科蔬菜两年轮作。提倡深沟高畦，密度适宜，及时清理水沟保持排灌畅通，施足有机肥，适当增施磷钾肥，促进植株生长健壮。

（2）药剂防治。在发病初期或发现中心病株时，摘除病叶并立即喷药防治。每隔7～10天防治1次，连续3～4次；中等至中偏重发生年份，每隔5～7天防治1次，连续4～6次。可用58%甲霜灵·锰锌可湿性粉剂500～700倍液或64%杀毒矾可湿性粉剂500倍液或25%甲霜灵可湿性粉剂800倍液或72.2%普力克水剂800倍液或72%克露可湿性粉剂800倍液等，每10天喷1次，连喷2～3次。

田间较多发病时，可采用50%烯酰吗啉可湿性粉剂1 000～1 500倍液＋75%百菌清可湿性粉剂600～800倍液，配方进行防治，视病情间隔5～7天喷1次。

注意：喷药必须细致周到，特别是老叶背面更应喷到。喷药后如遇阴天或雾露等天

气，则隔5～7天继续喷药，雨后必须补喷1次。防治时注意合理交替使用农药。

## （二）萝卜黑斑病

【为害与诊断】萝卜黑斑病是萝卜的主要病害之一。严重时病株率可达80%～100%，一般减产20%～50%。

主要为害叶片，叶面初生黑褐色至黑色稍隆起小圆斑，后扩大边缘呈苍白色，中心部淡褐至灰褐色病斑，同心轮纹不明显，潮湿时，病斑上有黑色霉层。病部发脆易破碎，严重时，病斑多个汇合连成片致叶片局部枯死。采种株的叶、茎、荚均可发病，茎及花梗上病斑多为黑褐色椭圆形斑块（图1-223至图1-226）。

图1-223　萝卜黑斑病症状

图1-224　萝卜黑斑病初期症状

图1-225　萝卜黑斑病整株症状

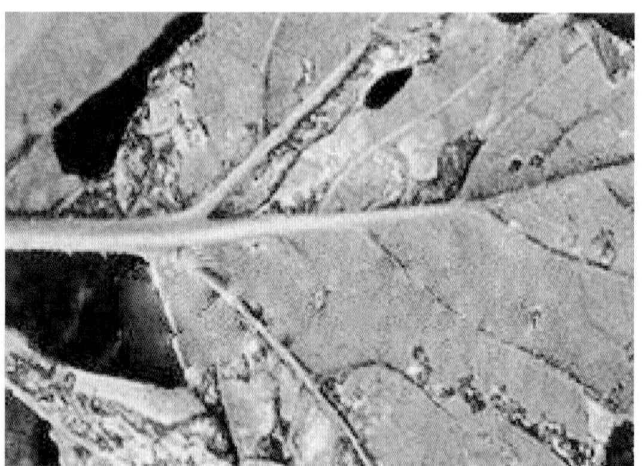

图1-226　萝卜黑斑病后期症状

【发病条件】病菌喜高温、高湿条件，25～27℃适于该菌生长发育。阴雨，高湿条件持续时间长，伤口多，管理跟不上易发病。一般在生长中后期或反季节栽培时遇连阴雨天气，该病易发生和流行。

【绿色防控】

（1）农业防治。选用抗病品种并对种子消毒，收获后及时翻晒土地，清洁田园，减少田间菌源。采用猪粪堆肥，培养拮抗菌，加强管理，提高萝卜抗病力和耐病性。

（2）药剂防治。发病前开端喷洒64%杀毒矾可湿性粉剂500倍液或75%百菌清可湿性

粉剂500～600倍液、70%代森锰锌可湿粉500倍液、58%甲霜灵锰锌可湿性粉剂500倍液、40%灭菌丹可湿性粉剂400倍液、50%扑海因可湿性粉剂或其复配剂1 000倍液。

注意：在黑斑病与霜霉病混发时，可选用70%乙膦·锰锌可湿性粉剂500倍液或60%琥·乙膦铝（DTM）可湿性粉剂500倍液、72%霜脲锰锌（克抗灵）可湿性粉剂800倍液，或用69%安克锰锌可湿性粉剂1 000倍液，每亩喷对好的药液60～70L，隔7～10天1次，连续防治3～4次。采收前7天停止用药。

## （三）萝卜白锈病

【为害与诊断】萝卜白锈病是萝卜生长的一重大病害，是萝卜枯死的原因之一，此病有上升趋势。萝卜白锈病仅见叶两面受害，发病初期叶片两面现边缘不明显的淡黄色斑，后病斑现白色稍隆起的小疱，大小1～5mm，成熟后表皮破裂，散出白色粉状物。病斑多时，病叶枯黄。种株的花梗染病，花轴肿大，歪曲畸形（图1–227至图1–229）。

图1–227　萝卜白锈病初期症状

图1–228　萝卜白锈全叶症状

图1–229　萝卜白锈病后期症状

【发病条件】白锈菌产生孢子囊在0～25℃均可萌发，以10℃为适，该病多在纬度、海拔高的低温地区，低温年份或雨后发病重。一年中以春、秋二季发生多。

【绿色防控】

（1）农业防治。与非十字花科蔬菜进行隔年轮作。清除田边杂草，前茬收获后，清除田间病残体，以减少田间菌源。

（2）药剂防治。选用25%甲霜灵可湿性粉剂800倍液或58%甲霜·锰锌可湿性粉剂500倍液或64%噁霜·锰锌可湿性粉剂500倍液或40%琥铜·甲霜灵可湿性粉剂600倍液或72%威克可湿性粉剂600倍液或72%克抗灵可湿性粉剂600倍液防治，每7～10天1次，连续防治2～3次。

## （四）萝卜黑腐病

【为害与诊断】萝卜黑腐病，俗称黑心、烂心，该病是由细菌引起的病害，发病普遍，分布广，以夏、秋高温多雨季节发病较重。萝卜黑腐病主要为害叶和根。叶片染病，叶缘现出“V”字形灰色至淡褐色病斑，叶脉坏死变黑，叶缘变黄，后扩及全叶。

图1–230　萝卜黑腐病叶片症状

根茎部染病，表皮变黑或不变色，内部组织干腐，维管束变黑，外观往往看不出明显症状，但髓部多成黑色干腐状，甚至空心。田间多并发软腐病，终成腐烂状（图1-230至图1-232）。

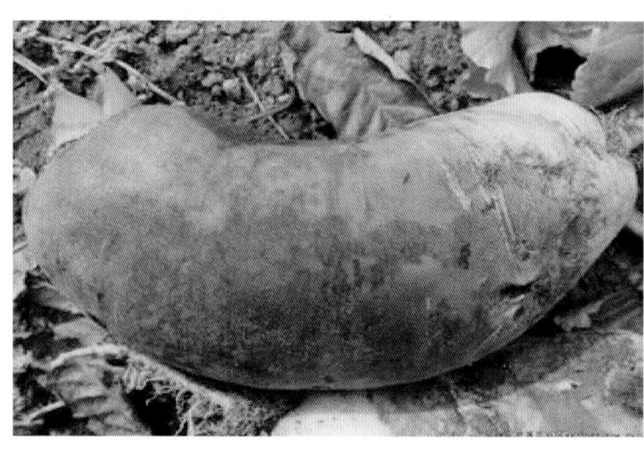

图1-231　萝卜黑腐病块根表皮症状

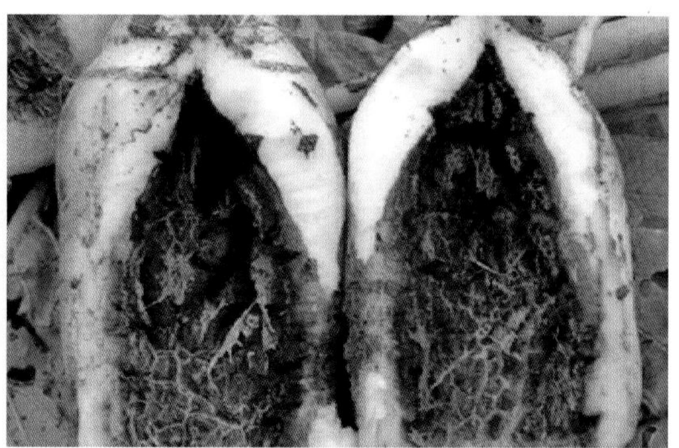

图1-232　萝卜黑腐病块根内部症状

【发病条件】主要在秋季发生。平均气温15℃时开始发病，15～28℃发病重，气温低于8℃停止发病，降雨20～30mm以上发病呈上升趋势，光照少发病重。肥水管理不当，植株徒长或早衰，害虫猖獗或暴风雨频繁发病重。

【绿色防控】

（1）农业防治。适时播种，合理密植；合理灌水，雨后及时排水；施用酵素菌沤制的堆肥或腐熟的有机肥，增施磷、钾肥。与非十字花科作物实行2年以上轮作，采用配方施肥技术。

（2）药剂防治。种子处理：50℃温水浸种30min，或用种子重量0.4%的50%丁戊已二元酸铜可湿性粉剂600～800倍液拌种，用清水冲洗后晾干播种。或用种子重量0.2%的50%福美双可湿性粉剂或35%甲霜灵拌种剂拌种。

发病初期开始喷洒：47%加瑞农可湿性粉剂900倍液或14%络氨铜水剂300倍液，3%中生菌素（农抗751）500倍液，隔7～10天1次，连续防治3～4次。

## 十一、胡萝卜

胡萝卜营养丰富，享有“小人参”“金笋”的美誉，近年来病害逐渐加重，成为当前生产亟待解决的问题。胡萝卜常见病害有黑斑病、根结线虫病、黑腐病、软腐病等。

### （一）胡萝卜黑斑病

【为害与诊断】全国性主要病害之一。种株发病，造成减产和质量低劣。茎、叶、叶柄均可染病。

叶片染病多从叶尖或叶缘始，现不规则形深褐色至黑色斑，周围组织略褪色，湿度大时病斑上长出黑色霉层，严重的病斑汇合，叶缘上卷，叶片早枯。茎染病，病斑长圆形黑褐色稍凹陷。种株发病，造成减产和质量低劣（图1-233至图1-235）。

图1-233　胡萝卜黑斑病叶部症状

图1-234　胡萝卜黑斑病叶部初期症状

【发病条件】发病适温28℃左右，15℃以下或35℃以上不发病。一般雨季，缺肥、生长势弱发病加重。发病后遇天气干旱利于症状显现。

图1-235　胡萝卜黑斑病块根症状

【绿色防控】

（1）农业防治。从无病株上采种，做到单收单藏；实行2年以上轮作；增施底肥，促其生长健壮，增强抗病力。

（2）药剂防治。

药种子处理：播种前用种子重量0.3%的50%福美双可湿性粉剂或40%拌种双可湿性粉剂加上0.3%的50%异菌脲可湿性粉剂拌种；也可以用2.5%咯菌腈悬浮种衣剂进行种子包衣。

发病初期：喷洒50%扑海因可湿性粉剂1 500倍液，或用75%百菌清可湿性粉剂600倍液、70%代森锰锌可湿性粉剂600倍液，隔7～10天1次，连续防治2～3次。

小经验：叶面喷施800倍液新型叶面肥料“信号施康乐”可提升对黑斑病、黑腐病等胡萝卜常见病害的抵抗能力。

## （二）胡萝卜根结线虫病

【为害与诊断】根部发病后，直根上散生许多膨大为半圆形的瘤，侧根上多生结节状不规则的圆形虫瘿，直根呈叉状分枝，瘤初为白色，后变褐，生于近地面5cm处（图1-236至图1-238）。

图1-236　胡萝卜根结线虫病症状

图1-237　胡萝卜根结线虫病症状

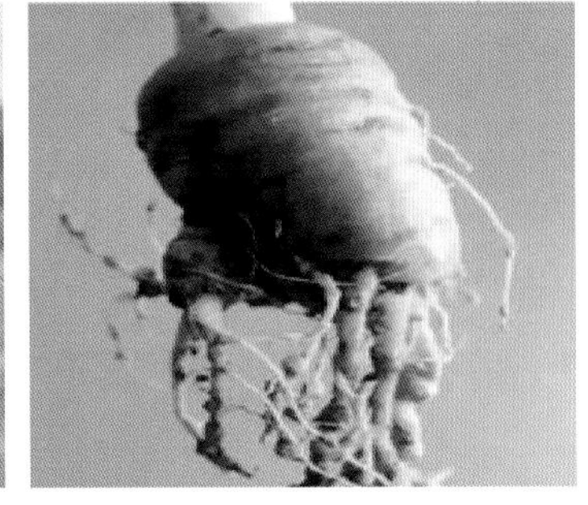

图1-238　胡萝卜根结线虫病症状

【发病条件】幼虫在土中存活1年，以幼虫在土中或幼虫及雌成虫在寄主体内越冬，翌春卵孵化为幼虫。

【绿色防控】

（1）选用无病土进行育苗。

（2）移栽时发现病株及时剔除。

（3）与葱、蒜、韭菜等蔬菜实行两年以上轮作。发病重的地块最好与禾本科作物轮作，水旱轮作效果最好。

（4）深耕或换土。在夏季换茬时，深耕翻土25cm以上，同时增施充分腐熟的有机肥；或把25cm以内表层土全部换掉。

（5）夏季高温土壤消毒处理。在夏季高温，在大棚内撒施麦秸5cm，再撒施过磷酸钙100kg左右，翻入地下，盖地膜，密闭大棚，使棚温高达70℃以上，土壤内10cm深温度高达60℃左右，闭棚15～20天。

（6）在黄瓜拉秧后，及时清除病残根，深埋或烧毁，铲除田间杂草。下茬作物种植前，加种生育期短且易感病作物，如小白菜、菠菜等，待感染后再全部挖出棚外，在松动的地表进行喷药处理。

小经验：在发病初期，用根施通胶囊，每1粒对水30kg和1.8%虫螨克1 000倍液灌根，能促进农药有效成分强力杀灭线虫。每株灌间隔10～15天灌根1次。

### （三）胡萝卜细菌性软腐病

【为害与诊断】胡萝卜软腐病，又称腐烂病，俗称“烂根”，是常见病害，南方发生多，种株发病重。

图1-239　胡萝卜软腐病根部症状

胡萝卜软腐病，主要为害地下肉质根，田间或贮藏均可发病，先部分叶黄化后萎蔫，急性发病，则整株突然萎蔫青枯。检查病株，根部初呈湿腐状，后扩大，病斑形状不定，肉质根组织变灰褐色软化腐烂，外溢汁液发恶臭（图1-239）。

【发病条件】病菌在2～40℃范围均可生长，最适温度25～30℃，喜湿、不耐光或干燥。高温、多雨、低洼排水不良地发病重。特别是暴风雨后，或土壤长期干旱突灌大水，易造成伤口，会加重发病。

【绿色防控】

（1）农业防治。实行与大田作物轮作2年，或水旱轮作。高畦直播栽培，不宜过密，通风好，加强排水。及早防治地上、地下害虫。发现病株拔除处理。

（2）药剂防治。发病初期喷洒50%琥胶肥酸铜可湿性粉剂500倍液或12%绿乳铜乳油500倍液或56%靠山水分散微粒剂800倍液或14%络氨铜水剂300倍液，隔7～10天1次，共

喷2次。

注意：收获时轻挖轻放，防止碰伤、擦伤。收获后晾晒半天后入窖贮藏。窖贮期严格控制窖温在10℃以下，相对湿度低于80%。

## 十二、花椰菜

花椰菜，又称花菜、菜花或椰菜花，对温度和湿度反应最为敏感，掌握病害处理信息显得尤为关键。目前花椰菜病害有霜霉病、黑斑病、菌核病、黑腐病等。

### （一）花椰菜霜霉病

【为害与诊断】花椰菜霜霉病为花椰菜常见病，发生普遍。

幼苗发病在茎叶上出现白色霜状霉，幼苗渐枯死。成株发病叶片上的病斑为淡绿色，以后边缘逐渐变为黑色至紫黑色，中央略带黄褐色稍凹陷斑，病斑受叶脉限制呈不规则或多角形，潮湿时叶背也可见稀疏的白霉；生长期中老叶受害后有时病原菌也能系统侵染进入茎部，在储藏期间继续发展大到叶球内，使叶脉及叶肉组织上出现黄色不规则的坏死斑，叶片干枯脱落（图1-240至图1-242）。

图1-240　花椰菜霜霉病初期症状

图1-241　花椰菜霜霉病后期背面症状

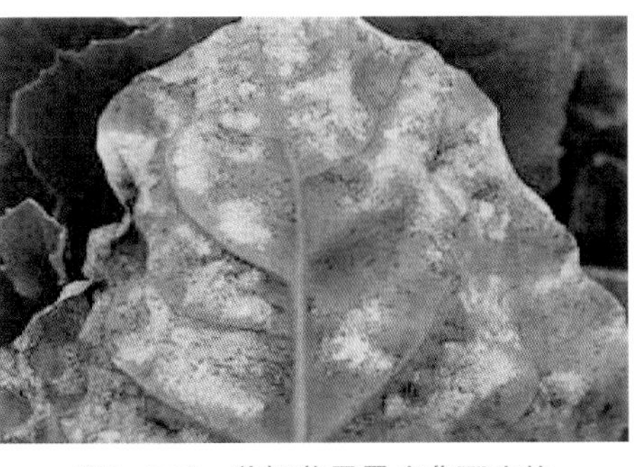

图1-242　花椰菜霜霉病背面症状

【发病条件】在平均气温16～20℃，空气湿度较大，植株表面积水的情况下病害易于发生流行，且冬季设施栽培和春季露地栽培发生普遍，花球形成期在连阴雨、气温较低时，受害较重。

【绿色防控】

（1）农业措施。选用抗病品种，与非十字花科作物隔年轮作，最好是水旱轮作。苗床注意通风透光，不用低湿地作苗床，结合间苗摘除病叶和拔除病株，低湿地采用高垄栽培，收获后清园深耕。

（2）药剂防治。种子处理。播种前可用50%福美双可湿性粉剂，或用75%百菌清可湿性粉剂拌种，用量为种子量的0.4%。

发病初期，每亩每次使用20%丙硫多菌灵悬浮剂（施宝灵）75～100g，一般加水100kg，进行喷雾，一般间隔5～7天喷药1次，共防治2次。常用药剂还有40%乙膦铝可湿性粉剂300倍液，75%百菌清可湿性粉剂600倍液，

65%代森锌可湿性粉剂600倍液，50%敌菌灵可湿性粉剂500倍液。

注意：发病初期或出现中心病株时，立即喷药保护，老叶背面也应喷到。

### （二）花椰菜黑斑病

【为害与诊断】花椰菜黑斑病又称黑霉病，是十字花科蔬菜常见的一种病害。

主要为害叶片、叶柄、花梗及种荚等部位，以叶片为主。叶片发病多在外叶或外层球叶上，初时病部产生小黑斑，温度高时病斑迅速扩大为灰褐色圆形病斑。叶上病斑多时，病斑汇合成大斑，或致叶片变黄干枯，茎、叶柄染病，病斑呈纵条形黑霉。花梗、种荚染病现出黑褐色长梭形条状斑，结实少或种子瘦瘪（图1-243至图1-245）。

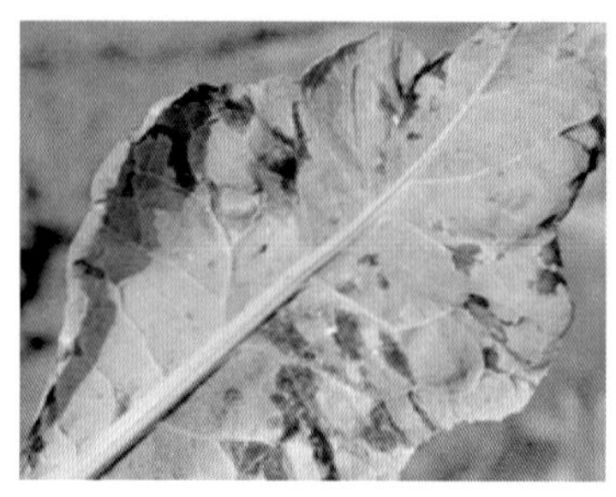
图1-243　花椰菜黑斑叶片病背面症状

图1-244　花椰菜黑斑叶片病正面症状

图1-245　花椰菜黑斑病叶球症状

【发病条件】在气温10～35℃，湿度大或肥力不足是易发生。

【绿色防控】

（1）农业防治。增施基肥，注意氮磷钾配合，避免缺肥，增强寄主抗病力。及时摘除病叶减少菌源。

（2）药剂防治。掌握在发病前开始喷洒75%百菌清可湿性粉剂500～600倍液或40%大富丹及50%克菌丹可湿性粉剂400倍液或50%扑海因可湿性粉剂1 500倍液、50%速克灵可湿性粉剂2 000倍液，隔7～10天1次，连续防治2～3次。

### （三）花椰菜菌核病

【为害与诊断】花椰菜常见的病害就是菌核病。

成株受害多发生在近地表的茎、叶柄或叶片上。受害部初呈边缘不明显的水浸状淡褐色不规则形斑，以后病组织软腐，生白色或灰白色棉絮状菌丝体，并形成黑色鼠粪状菌核。茎基部病斑环茎一周后致全株枯死。采种株多在终花期受害，除侵染叶、荚外，还可引起茎部腐烂和中空，或在表面及髓部生絮状菌丝（高湿状态）及黑色菌核，晚期致茎折倒。花梗染病病部白色或呈湿腐状，致种子瘦瘪，内生菌丝或菌核，病荚易早熟或炸裂（图1-246至图1-248）。

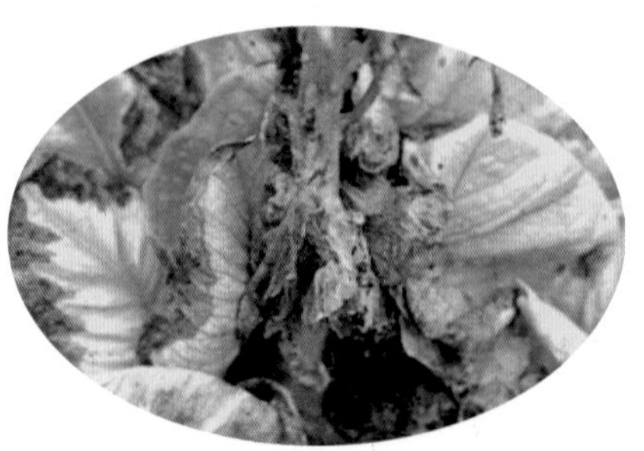
图1-246　花椰菜菌核病茎症状

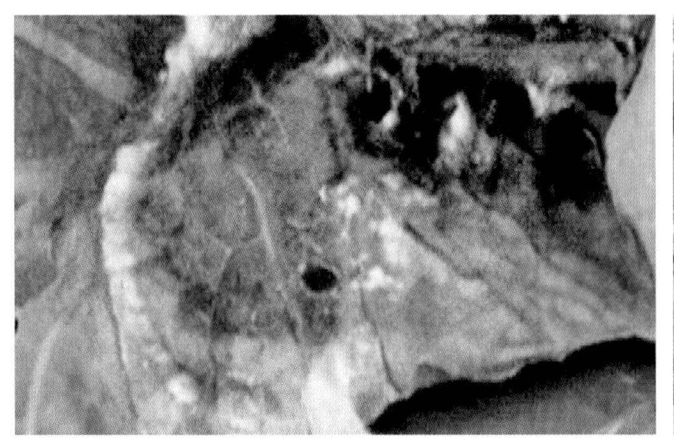
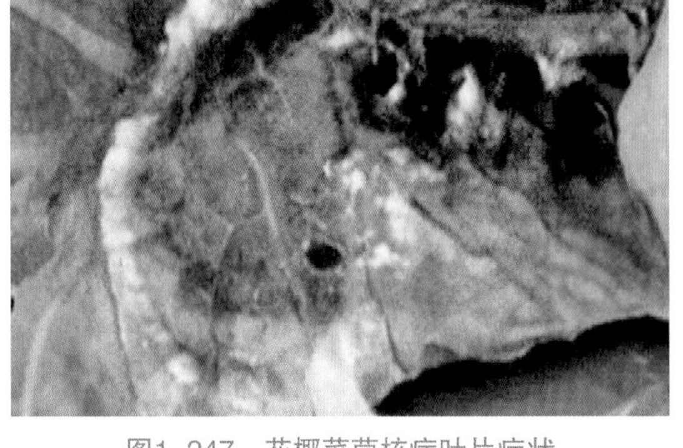

图1-247　花椰菜菌核病叶片症状　　图1-248　花椰菜菌核病叶球症状

【发病条件】菌丝发育适温20℃，孢子萌发最适温度5～10℃。相对湿度85%以上发育良好，低于70%病害扩展受阻。一般排水不良，通透性差，偏施氮肥，或受霜害、冻害和肥害的田块，病害发生重。

【绿色防控】

（1）农业防治。发病严重地进行深翻，菌核深埋土中，子囊盘不能出土，减少病菌初侵染来源。合理施肥，提高植株抗病力。

（2）药剂防治。可选用35%菌核光悬浮剂700倍液，40%菌核净可湿性粉剂1 000～1 500倍液或30%菌核利可湿性粉剂1 000倍液。每隔10天喷药1次，共2～3次。重点喷植株基部和地面。

小经验：也可用上述农药配成100～150倍高浓度的糊状涂液，在发病初期涂抹病部，效果较好。

## 十三、甘　蓝

甘蓝为十字花科蔬菜，叶片多数为绿色，少数为紫色或红色。甘蓝栽培中为害较重的病害主要有黑腐病、黑斑病和软腐病等。

### （一）甘蓝黑腐病

【为害与诊断】甘蓝黑腐病是一种常见的毁灭性病害，常与软腐病混合发生，造成大面积死棵。

甘蓝黑腐病主要为害叶片、叶球和球茎。苗期发病，先在幼苗子叶上出现水浸状，后迅速枯死或蔓延到真叶，在叶脉上出现小黑点或细黑条。成株期发病，多在叶片边缘产生“V”字形病斑，淡褐色，边缘带有黄色晕圈，部分叶脉变黑坏死，并向内部或两侧扩展，致使周围叶肉变黄或枯死。叶柄发病，则沿维管束向上产生褐色干腐，叶片半边发黄，严重的叶片枯死或折倒（图1-249至图1-253）。

图1-249　甘蓝黑腐病叶片初期症状

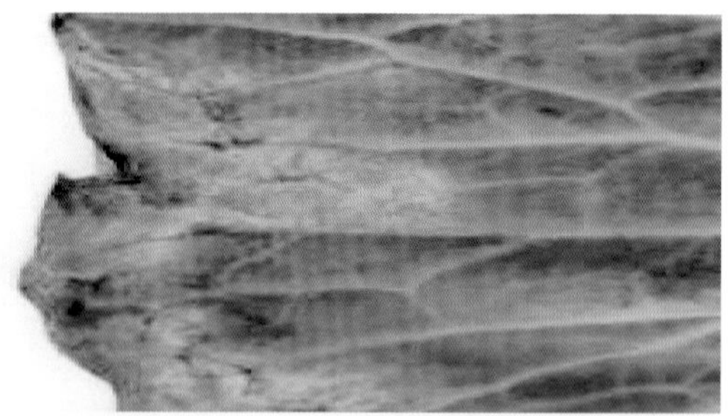
图1-250　甘蓝黑腐病叶片背面症状

图1-251　甘蓝黑腐病外叶初期症状

图1-252　甘蓝黑腐病全株感染症状

【发病条件】病菌生长的温度范围较广，5～39℃病菌均可以生长发育，适温为25～30℃。湿度高、叶面结露或叶缘吐水、或高温多雨均有利于病菌侵入和发生发展。

【绿色防控】

（1）农业防治。种子处理：播种前用50℃温水浸泡25min，或用30%琥胶肥酸铜可湿性粉剂，按种子重量的0.4%拌种消毒。

（2）加强田间管理。适时播种，合理灌溉，防止伤根烧苗，及时防治虫害。

图1-253　甘蓝黑腐病叶球感染症状

（3）药剂防治。发病初期可用77%氢氧化铜（可杀得3 000）可湿性粉剂600倍液或57.6%氢氧化铜（冠菌清）水分散粒剂800倍液或47%春雷·王铜（加瑞农）可湿性粉剂500倍液喷雾。每隔5～6天喷1次，连喷2～3次。

小提醒：按每公顷药液量加入有机硅助剂杰效利或透彻75ml，可提高防治效果节省药量。

## （二）甘蓝黑斑病

【为害与诊断】甘蓝黑斑病是十字花科蔬菜最常见的病害，也是一种世界性病害，为害严重，仅次于软腐病、霜霉病和病毒病三大病害。

甘蓝黑斑病为害植株的叶片、叶柄、花梗及种荚等各部。叶片发病多从外叶开始，病斑圆形，灰褐色或褐白菜黑斑病色，病斑上生黑色霉状物，潮湿环境下更为明显。病

斑周围有时有黄色晕环。病斑较小，叶上病斑发生很多时，很易变黄早枯（图1-254至图1-259）。

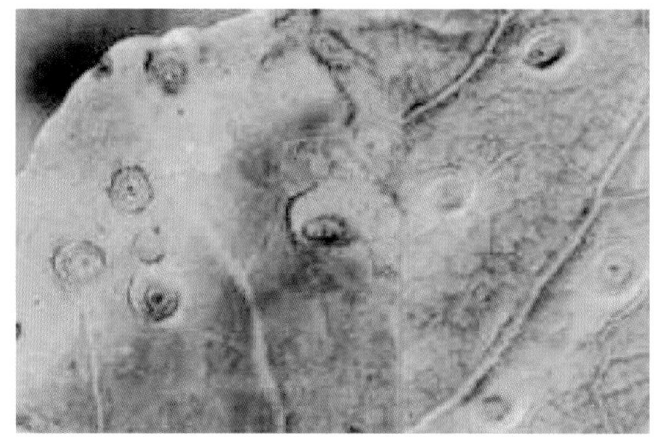

图1-254　甘蓝黑斑病叶片症状

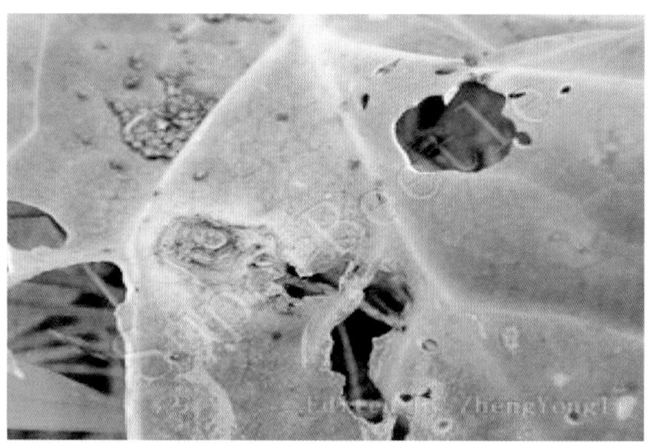

图1-255　甘蓝黑斑病叶片症状

图1-256　甘蓝黑斑病根部感染症状

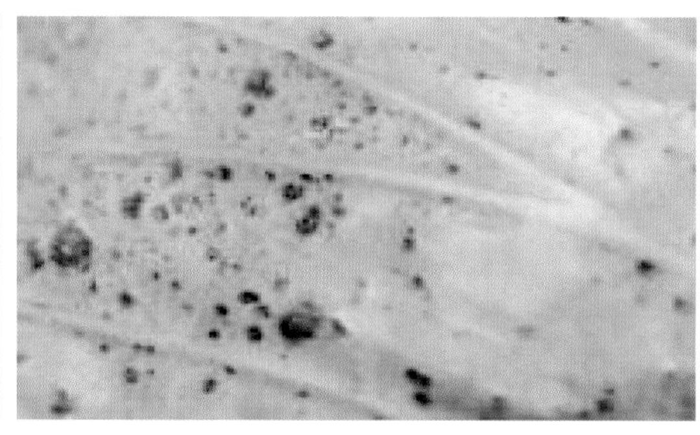

图1-257　甘蓝黑斑病叶片背面感染症状

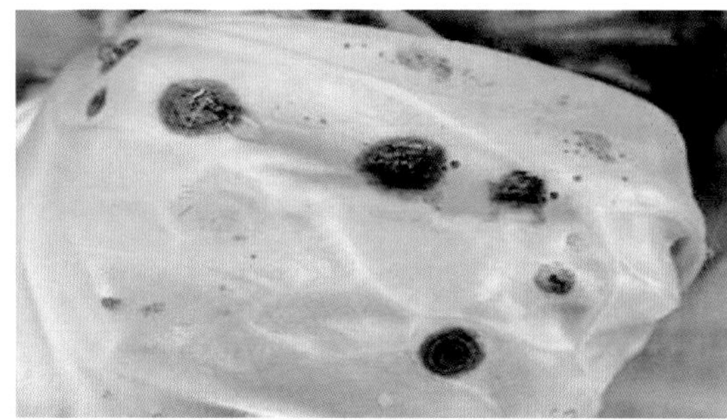

图1-258　甘蓝黑斑病叶球感染症状

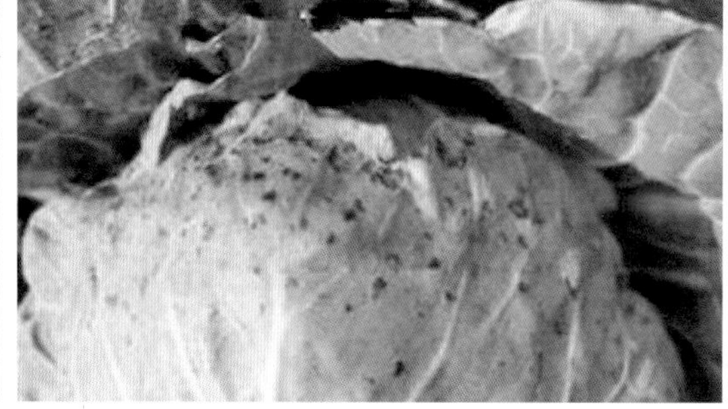

图1-259　甘蓝黑斑病茎叶球表叶感染症状

【发病条件】低温高湿是引起黑斑病发生的主要原因。

【绿色防控】

（1）农业防治。选用抗病良种，与非十字花科植物隔年轮作；种子进行温汤浸种，或用福美双拌种；深耕，清除病残体，合理施肥。

（2）药剂防治。发病初期用75%百菌清可湿性粉剂600倍液或80%代森锰锌可湿性粉剂600倍液或50%异菌脲（扑海因）可湿性粉剂1 000～1 500倍液或64%噁霜·锰锌（杀毒矾）可湿性粉剂500倍液或47%春雷·王铜（加瑞农）可湿性粉剂500倍液对水喷雾，隔7～10喷1次，连喷2～3次。每公顷加0.01%天丰素150ml或0.1%硕丰481可溶粉60g或

0.003%爱增美75ml，提高防治效果。同时按每公顷药液量加入有机硅助剂杰效利或透彻75ml，可提高防治效果节省用药量。

小提醒：喷药时，加入芸薹素内酯类植物生长调节剂，可促进病株尽快恢复生长。

## （三）甘蓝霜霉病

【为害与诊断】甘蓝霜霉病各地普遍有发生，引起甘蓝叶片枯黄坏死，导致甘蓝产量及品质严重下降，对甘蓝生产造成极大损失。

主要为害叶片，初期在叶面出现淡绿或黄色斑点，扩大后为黄色或黄褐色，受叶脉限制面呈多角形或不规则形。空气潮湿时，在相应的叶背面布满灰色至灰白色霜状霉层，严重时也为害叶球（图1-260至图1-264）。

图1-260　甘蓝霜霉病叶球感染症状

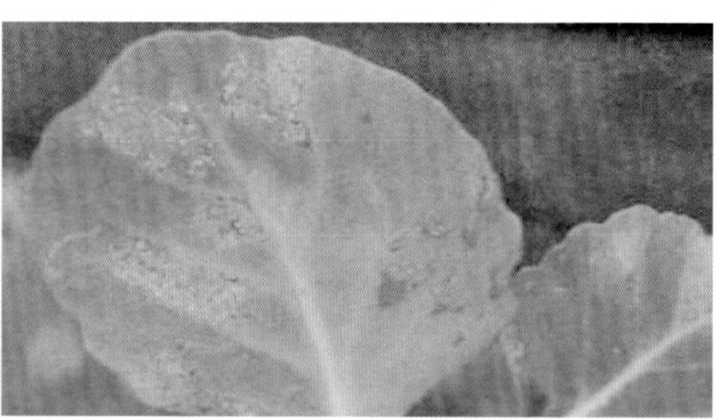

图1-261　甘蓝霜霉病病叶

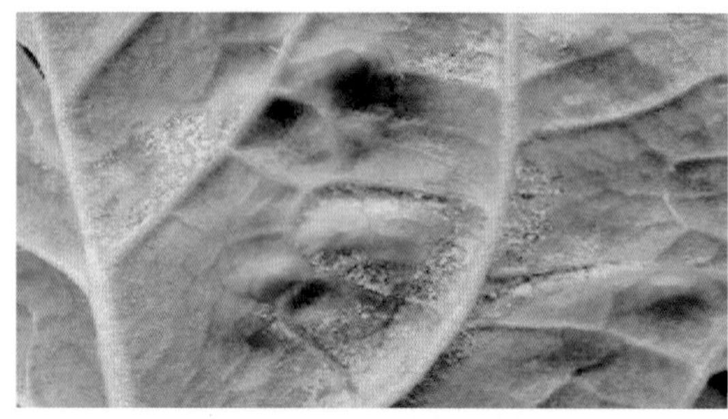

图1-262　甘蓝霜霉病叶片背面症状

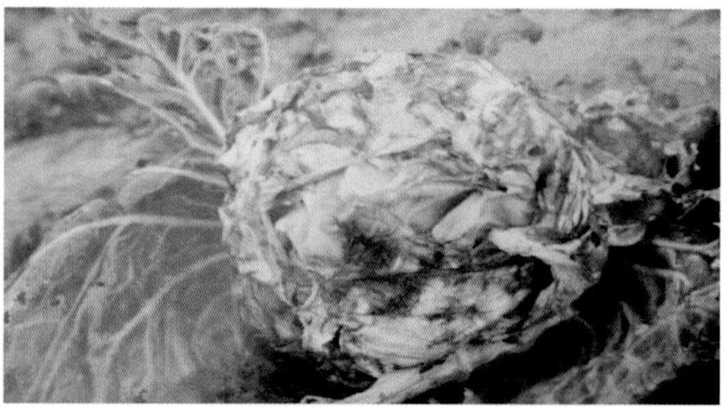

图1-263　甘蓝霜霉病为害叶球症状

【发病条件】该病借助风雨传播，使病害扩大和蔓延。在温度16℃左右，相对湿度80%以上时利于发病。气温忽高忽低，日夜温差大，白天光照不足，多雨露天气，霜霉病最易流行。

【绿色防控】

（1）农业防治。适期播种，要施足底肥，增施磷、钾肥。早间苗，晚定苗，适度蹲苗。小水勤灌，雨后及时排水。清除病苗，拉秧后也要把病叶、病株清除出田外深埋或烧毁。

（2）药剂防治。58%甲霜灵·锰锌可湿性粉剂、25%甲霜灵可湿性粉剂按种子重量的0.4%拌种。用发病前期，可用75%百菌清（多清）可湿性粉剂600～800倍液；间隔7～10天喷1次，共喷2～3次。保护地种植选用5%百菌清（多清）粉尘或5%霜霉清粉尘剂15kg/hm$^2$喷粉防治效果更佳。

小提醒：播前可用75%百菌清（多清）可湿性粉剂拌种，可降低发病率。

## （四）甘蓝软腐病

【为害与诊断】甘蓝软腐病，又称水烂、烂疙瘩，是包心期后期主要病害，发病普遍，严重时造成减产50%以上，甚至成片无收。

甘蓝软腐病多在包心期发病，多从外叶叶柄或茎基部开始侵染，形成暗褐色水渍状不规则形病斑，迅速发展使根茎和叶柄、叶球腐烂变软、倒塌，并散发出恶臭气味，有时病菌从叶柄虫伤处侵染，沿顶部从外叶向心叶腐烂（图1-264至图1-268）。

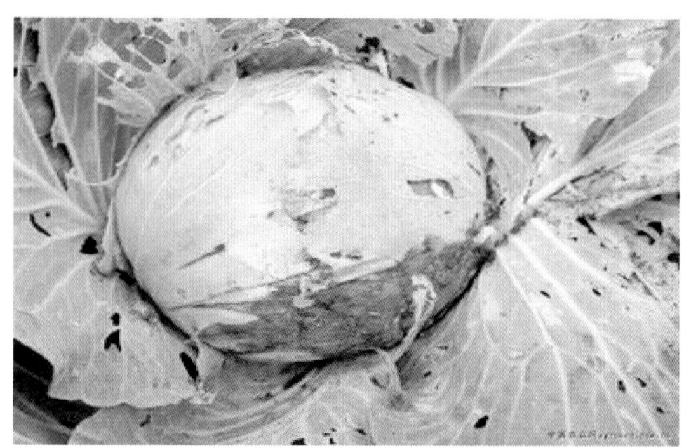

图1-264 甘蓝软腐病叶球感染症状

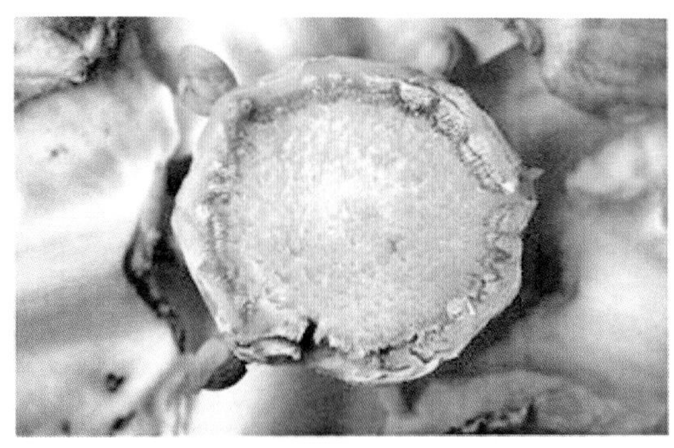

图1-265 甘蓝软腐病茎基部感染症状

图1-266 甘蓝软腐病茎基部感染症状

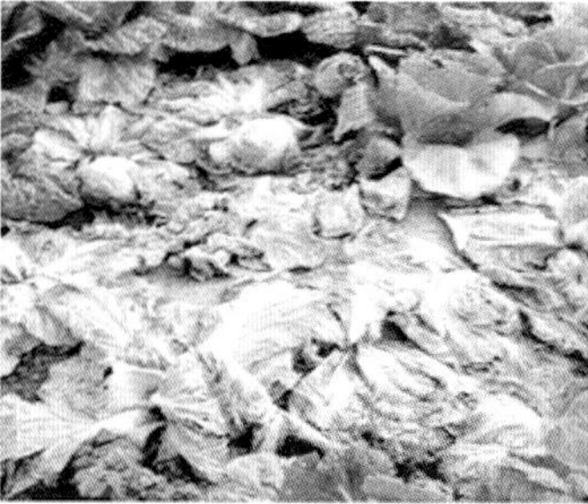

图1-267 甘蓝软腐病导致全园腐烂

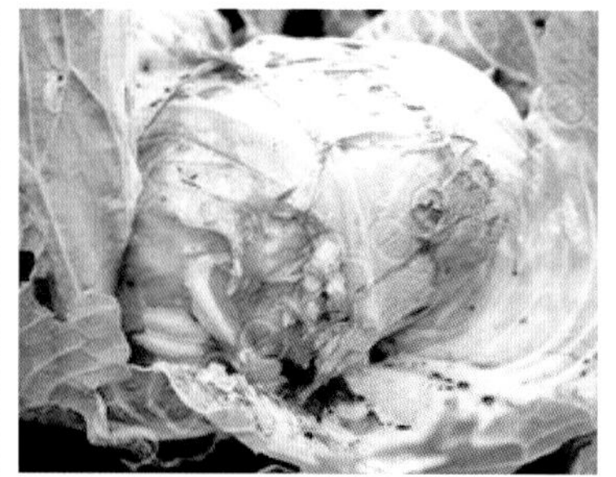

图1-268 甘蓝软腐病叶球感染后期症状

【发病条件】病菌最适生长温度为27～30℃，不耐干燥和日光，高温多雨有利于软腐病发生。叶柄上自然裂口经纵裂居多，是该病侵入主要途径。

【绿色防控】

（1）农业防治。加强栽培管理，尽量避免在甘蓝菜株上造成伤口。雨后及时排水，增施基肥，及时追肥。发现病株后及时挖除，并将其销毁，病穴撒石灰消毒。

（2）药剂防治可参考大白菜软腐病。

（3）使用植物免疫诱抗剂预防。

小提醒：在甘蓝结球期前期叶面喷施800倍液新型蛋白农药“信号施康乐”1次，可以提升植株对软腐病抗性，并促进叶片结球，产量增加，提高品质。

## 十四、豇　豆

豇豆俗称角豆、姜豆、带豆、挂豆角，中国各地常见栽培，尤以南方普遍种植。以嫩豆荚和老熟种子作为蔬菜食用，是夏秋季节栽培的主要蔬菜。豇豆主要的病害有锈病、叶斑病、白粉病等。

### （一）豇豆锈病

【为害与诊断】豇豆锈病由豇豆单胞锈菌引起，主要为害叶片、叶柄，茎蔓和豆荚也可受害。发病初多在叶片背面形成黄白色小斑点，微隆起，扩大后形成红褐色疱斑，具有黄色晕圈，疱斑破裂后散放出红褐色粉末，痕斑处的叶片正面，产生褪绿斑。植株生长后期，病部产生黑色疱斑，含有黑色粉末，致叶片早落，种荚染病后不能食用（图1-269至图1-272）。

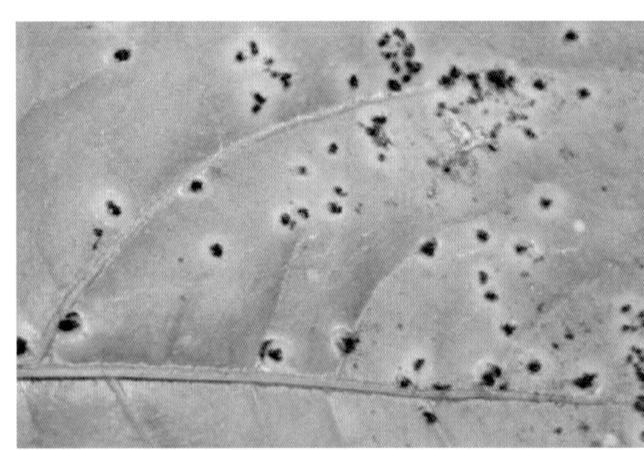

图1-269　豇豆锈病叶片初期症状

图1-270　豇豆锈病叶片严重症状

图1-271　豇豆子实体感染锈病症状

图1-272　豇豆锈病整株感染症状

【发病条件】锈病菌主要以冬孢子随同病株残体留在地上越冬，孢子成熟后，孢子堆表皮破裂，散出红褐色粉末状夏孢子，借气流传播，进行再侵染。在适温范围内，早晚重露、多雾易诱发本病，地势低洼、排水不良、种植过密、偏施氮肥，发病会加重。

【绿色防控】

（1）农业防治。选用当地抗病品种：粤夏2号、航豇2号、湘豇号、大叶青；加强田

间管理；清除病残体及时掩埋或烧毁。

（2）药剂防治。发病初期及时选用50%粉锈宁可湿性粉剂1 000倍液或50%莠锈灵乳油800倍液或50%多茵灵可湿性粉剂500倍液或15%三唑酮可湿性粉剂1 500倍液或50%硫黄悬浮剂200倍液或30%固体石硫合剂150倍液或65%的代森锌（蓝博）可湿性粉剂500倍液或25%敌力脱乳油4 000倍，每隔7～10天1次，连喷2～3次。

小提醒：不要在雨前浇水，春、秋豇豆不要连片栽培，药剂交替更换施用。

## （二）豇豆叶斑病

【为害与诊断】豇豆叶斑病又名豇豆灰星病、豇豆红斑病。下部老叶先发病，逐渐向上蔓延。初期病斑较小，紫红色，发展受叶脉限制形成多角形划不规则形。病斑大小不等，直径3～18mm，紫红色至紫褐色，边缘为灰褐色，后期中部变为暗灰色，叶背面密生灰黑色霉（图1-273至图1-276）。

图1-273　豇豆叶斑病初期症状

图1-274　豇豆叶斑病中期症状

图1-275　豇豆叶斑病叶背面中后期症状

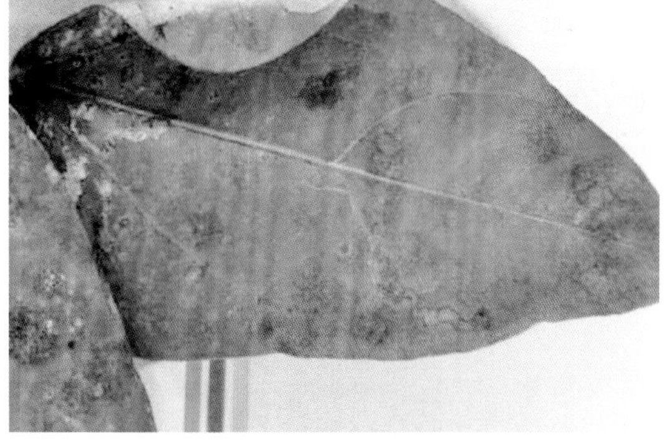

图1-276　豇豆叶斑病后期全叶症状

【发病条件】高温高湿有利于该病发生和流行，秋季多雨连作地或反季节栽培地发病较重，春播较晚的豇豆，发病较重。

【绿色防控】

（1）农业防治。选用当地抗病品种；清沟排水，施足底肥，增施磷钾肥；摘除病老

叶，利于通风降湿；清洁田园，将病残体集中烧毁或深埋。

（2）药剂防治。发病初期及时喷药，常用1：200的波尔多液或50%托布津或50%多菌灵（银多）各1 000倍液或65%代森锌（蓝博）可湿性粉剂500倍液或30%爱苗乳油3 000倍液或75%百菌清（多清）可湿性粉剂600倍液或30%碱式硫酸铜（绿德宝）悬浮剂400倍液。每7～10天喷1次，连喷2～3次。

小提醒：选无病株留种，播前用45℃温水浸种10min消毒，可有效降低发病率。

## （三）豇豆白粉病

【为害与诊断】豇豆白粉病主要为害叶片，初发病时先在叶片产生近圆形粉状白霉，后融合成粉状斑，严重时白粉覆盖整个叶片，致叶片枯黄、脱落（图1-277至图1-280）。

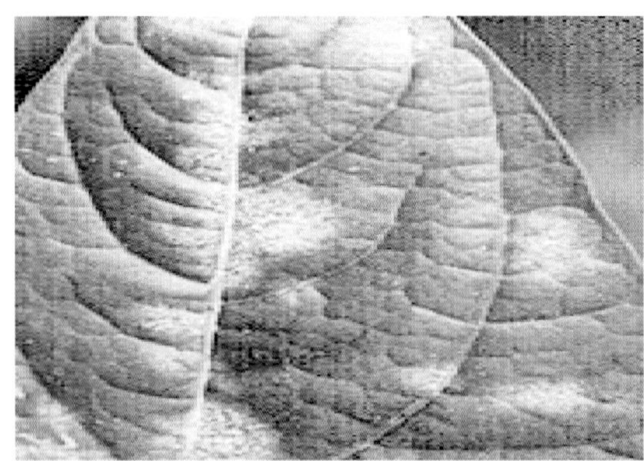

图1-277　豇豆白粉病初期症状

图1-278　豇豆白粉病初期症状

图1-279　豇豆白粉病全叶感染中期症状

图1-280　豇豆白粉病豆茎感染症状

【发病条件】荫蔽、昼夜温差大，潮湿多雨或田间积水的情况下易发病；在干旱少雨植株生长不良，抗病力弱，尤其是干湿交替利于该病扩展，发病较重。

【绿色防控】

（1）农业防治。选用抗病品种：金山长豇豆、成豇豆3号、金马长豇豆；加强田间肥水管理；清除病残体及时掩埋或烧毁。

（2）药剂防治。70%甲基托布津可湿性粉剂1 500倍液或15%粉锈宁可湿性粉剂2 000～3 000倍液或50%硫黄悬浮剂200～300倍液，每7～10天喷洒1次，共2～3次。

小提醒：豇豆与瓜类或豆类轮作2～3年，可有效降低发病率。

## 十五、豌　豆

豌豆又名荷兰豆，是世界第四大豆类作物。豌豆为一年或二年生半耐寒性作物，喜温和湿润的气候。我国是世界第二大豌豆生产国，在我国南方大都为秋播春收，嫩荚和种子供食用，具有较高的营养价值。常见的病害有茎腐病、花叶病、白粉病等。

### （一）豌豆茎腐病

【为害与诊断】为害豌豆茎基部及茎蔓。被害茎部初现椭圆形褐色病斑，绕茎扩展，终致茎段坏死，呈灰褐色至灰白色枯死，其上部托叶及小叶亦渐枯萎；后期枯死茎段表面散生小黑粒病征（图1-281、图1-282）。

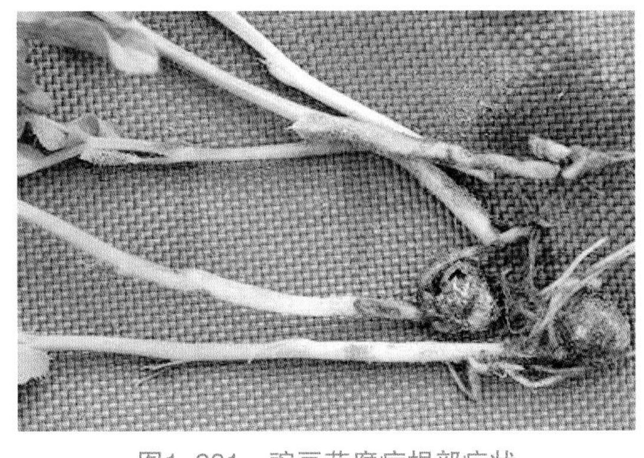

图1-281　豌豆茎腐病根部症状

图1-282　豌豆茎腐病后期症状

【发病条件】在播种后多雨时，其幼苗易被病菌感染；台风过后或秋雨连绵的年份发病较多；稻田秋作后连作秋播豌豆时，湿度大，发病增多；春季霜冻后或潜叶蝇食痕处及多肥软弱和过于繁茂均可发病。

【绿色防控】

（1）农业防治。选用抗病品种：贡井选、麻豌豆、小豆60。种子应经过温开水消毒，播种后减少灌水，架设防风屏障和减少施用量。

（2）药剂防治。喷施40%复活1号600倍液或70%代森锰锌（大生）800倍液，2～3次或更多，隔10～15天1次，前密后疏，交替喷施。

小提醒：喷药时着重喷洒茎基部。

### （二）豌豆花叶病

【为害与诊断】全株发病。病株矮缩，叶片变小，皱缩，叶色浓淡不均，呈镶嵌斑

驳花叶状，结荚少或不结荚（图1-283、图1-284）。

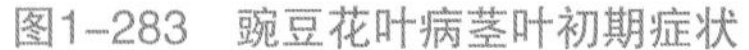
图1-283　豌豆花叶病茎叶初期症状

图1-284　豌豆花叶病全株感染症状

【发病条件】花叶病毒在寄主活体上存活越冬，由汁液传染，还可由蚜虫传染，此外种子也可传毒。在毒源存在条件下，利于蚜虫繁殖活动的天气或生态环境亦利于发病。

【绿色防控】

（1）农业防治。选用内软1号等抗病品种；加强田间管理；病株早发现早拔除；收获后及时清洁田园。

（2）药剂防治。及时全面喷药杀蚜：50%抗蚜威可湿性粉剂2 000倍液或2.5%高效氯氟氰菊酯乳油3 000～4 000倍液或20%高效氯氰菊酯马拉硫磷乳油2 000倍液，8～10天1次，连喷2～3次。发病初期喷施：20%盐酸吗啉胍乙酸铜可湿性粉剂500倍液或5%菌毒清水剂200～300倍液或1.5%植病灵乳剂1 000倍液等药剂，7～10天1次，连续用药2～3次。发病严重的地块喷洒2%宁南霉素水剂500～600倍液。

小提醒：大面积连防，杀蚜防病效果显著。

### （三）豌豆白粉病

【为害与诊断】主要为害叶、茎蔓和荚，多始于叶片。叶面染病初期现白粉状淡黄色小点，后扩大呈不规则形粉斑，互相连合，病部表面被白粉覆盖，叶背呈褐色或紫色斑块。病情扩展后波及全叶，致叶片迅速枯黄。茎、荚染病也出现小粉斑，严重时布满茎荚，致茎部枯黄，嫩茎干缩。后期病部现出小黑点（图1-285至图1-287）。

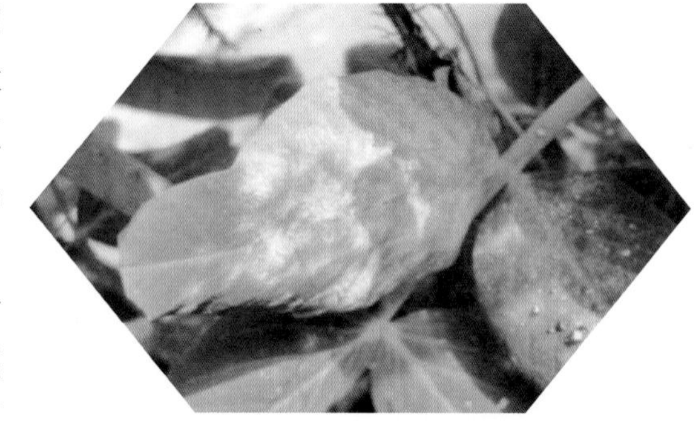
图1-285　豌豆白粉病叶片初期症状

图1-286　豌豆白粉病茎、叶初期症状

图1-287　豌豆白粉病叶片后期症状

【发病条件】日暖夜凉多露潮湿的环境适其发生流行，但即使天气干旱，该病仍可严重发生。病菌可通过豌豆荚侵染种子，是一种少见的种子带菌传播的白粉病，借气流和雨水溅射传播。

【绿色防控】

（1）农业措施。因地制宜选用抗病品种：台中11号、红花豌豆；实行轮作、避免连作；加强肥水管理，增施磷钾肥、少施氮肥；可定期喷施芸薹素，提高抗病力；收获后及时清洁病残体，集中烧毁。

（2）药剂防治。发病初期用25%粉锈宁可湿性粉剂2 000～3 000倍液或70%甲基托布津可湿性粉剂1 000倍液或50%多菌灵（银多）可湿性粉剂500倍液或波美0.2～0.3度石硫合剂等喷雾防治。每隔10～20天喷1次，连喷2～3次。

小提醒：播种无病种子，并用种子重量0.3%的50%多菌灵（银多）可湿性粉剂加75%百菌清（多清）可湿性粉剂（1∶1）混合拌种并密闭48～72h后播种，可显著降低发病率。

## 十六、扁　豆

扁豆，通用名藊豆，多年生、缠绕藤本作物，喜温暖湿润、阳光充足的环境。在中国各地广泛栽培，主要以嫩豆荚蔬食。扁豆常见病害有扁豆褐斑病、花叶病、红斑病、扁豆花叶病等。

### （一）扁豆褐斑病

【为害与诊断】褐斑病又称褐缘白斑病，主要为害叶片。叶片正、背面产生近圆形或不规则形褐色斑，边缘赤褐色，后病斑中部变为灰白色至灰褐色。高湿时叶背面病斑上产生灰黑色霉状物。病斑大小不等，直径3～10mm，个别病斑较大（图1-288至图1-291）。

【发病条件】病菌以子囊座随病残体在土中越冬，借助风、雨传播；该病为高温、高湿病害，高温多雨天气条件下易发病。

【绿色防控】

（1）农业防治。重病地与非豆科作物轮作；收获后及时清除病残体，及时深翻减少

菌源；合理施肥，多施钾肥提高抗病力；雨季注意排水，降低田间湿度。

（2）药剂防治。发病初期选用80%代森锌（蓝博）可湿性粉剂500倍液或45%代森铵（阿巴姆）水剂1 000倍液或50%福美双（多宝）可湿性粉剂600倍液或25%瑞毒霉可湿性粉剂800倍液或20%苯霜灵乳油350倍液或40%乙膦铝可湿性粉剂200倍液或50%克菌丹可湿性粉剂450倍液等喷雾。每10天喷1次，连续防治2～3次。

小提醒：将种子在冷水中预浸4～5h，再转至50℃温水小浸5min，能降低感病率。

图1-288　扁豆褐斑病叶片初期症状

图1-289　扁豆褐斑病全叶感染初期症状

图1-290　扁豆褐斑病中后期症状

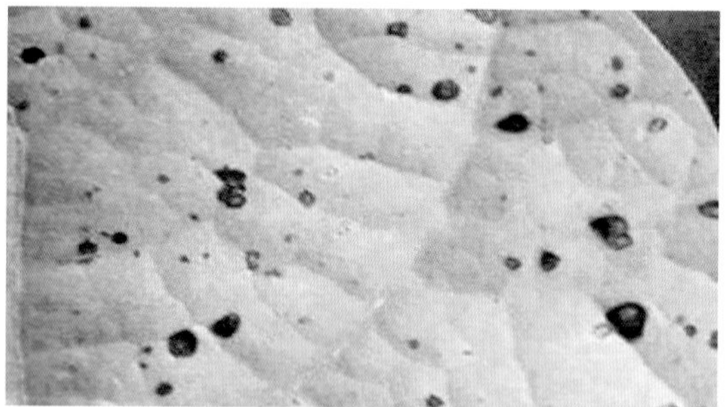

图1-291　扁豆褐斑病后期症状

## （二）扁豆红斑病

【为害与诊断】叶片上病斑近圆形至不规则形，有时沿脉发展，斑大小2～9mm，红色至褐红色，背面密生灰色霉层，有时叶面也有。严重时侵染豆荚，在其上形成比较大的红褐色斑，斑中心黑褐色，后期密生灰黑色霉层，影响食用（图1-292、图1-293）。

图1-292　扁豆红斑病初期症状

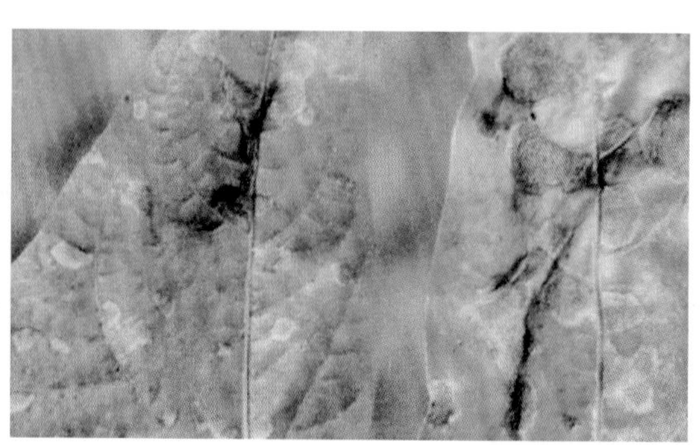

图1-293　扁豆红斑病后期症状

【发病条件】病菌主要以菌丝体随病残体在土壤中越冬播种带菌种子；病菌喜高温、高湿条件，利于病害发生发展。多雨有利于病害迅速扩展蔓延，尤其连续阴雨或雨后暴晴，发病严重。

【绿色防控】

（1）农业防治。选用无病株留种，播前种子用45℃温水浸10min消毒或用种子重量0.3%的50%福美双可湿性粉剂拌种。重病地与非豆科作物进行2～3年的轮作；种植密度要适宜避免过于密植，以利通风透光；加强管理，雨后及时排水；初见病叶及时摘除，深埋或烧毁；收获后彻底清除病残体并进行深翻。

（2）药剂防治。发病初期可用50%多菌灵（银多）可湿性粉剂500倍液或50%甲基托布津可湿性粉剂500倍液或65%代森锌（蓝博）可湿性粉剂500倍液或70%代森锰锌（大生）可湿性粉剂500倍液或80%大生可湿性粉剂800倍液或75%百菌清（多清）可湿性粉剂600倍液或77%可杀得可湿性微粒粉剂600倍液或50%扑海因可湿性粉剂1 000～1 500倍液等药剂喷雾，每7天左右1次，连续防治2～3次。

小提醒：注意农药安全间隔期，百菌清（多清）一般为7天。

## 十七、四季豆

四季豆是菜豆的别名，又叫芸豆、芸扁豆、四月豆等，为一年生草本植物。四季豆在我国南北方均可广泛种植，主要种植于温带地区，以嫩豆荚和老豆种子蔬食。常见病害有锈病、疫病、根腐病等。

### （一）四季豆锈病

【为害与诊断】病叶表面产生锈状隆起病斑，密集时叶表面破坏，加速叶片失水而枯黄、皱缩；叶脉发病时，叶片变畸形；病荚尾端变小、弯曲；严重时亦为害叶柄、茎和豆荚（图1-294至图1-296）。

图1-294　四季豆锈病初期症状

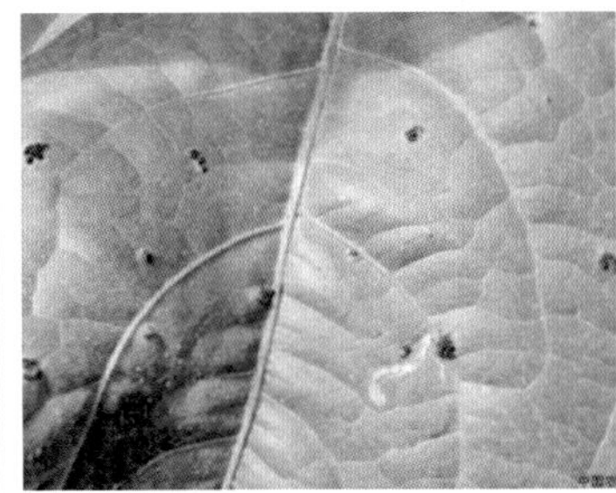

图1-295　四季豆锈病叶片局部初期症状

图1-296　四季豆锈病全叶后期症状

【发病条件】高温多湿，叶面积有露水、雨水时病害易发；植株抗病力弱，豆田低洼、排水不良，种植过密，通风透光不良；棚架造成田间过湿的小气候等，都会有利于病害

的发生。

【绿色防控】

（1）农业防治。选用优良的抗病品种：福三长丰、双青玉豆、新秀1号等；实行与叶菜类、瓜类等非豆科蔬菜轮作；加强田间管理，施足肥水，不偏施氮肥；及时摘除病叶、老黄叶，并要带出豆田或烧或埋；收获后清除田间枯枝落叶，集中烧毁。

（2）药剂防治。发病初期及时喷药，可选用50%多菌灵（银多）可湿性粉剂800倍液或65% 代森锌（蓝博）可湿性粉剂500倍液或50%萎锈灵可湿性粉剂1 000倍液，每隔7～10天喷1次，连续用药2～3次防治。

小提醒：春播宜早，必要时可采用育苗移栽，可有效避病。

## （二）四季豆疫病

【为害与诊断】主要为害茎、叶及荚果，多发生在茎节部或节附近，尤以近地面处居多。病部初时呈水渍状，后环绕茎部湿腐缢缩，病部以上叶蔓枯死。湿度大时，皮层腐烂，表面产生白霉。叶片染病初呈暗绿色水渍状斑，后扩大为圆形淡褐色斑，表面生白霉。荚果被害病部亦生白霉，腐烂（图1-297、图1-298）。

图1-297　四季豆疫病叶片初期症状

图1-298　四季豆疫病边缘感染症状

【发病条件】病害是由黄单胞杆菌侵染引起的，病菌借气流、灌溉水和昆虫、水孔、气孔及伤口等处侵入。高温、高湿是发病的重要条件；重茬种植，肥力不足，管理粗放病害也较重。

【绿色防控】

（1）农业防治。选用抗病品种：细花、九粒白；实行轮作、避免连作；选择排水良好的砂壤土种植，采用高畦深沟，合理密植；使其通风透光，注意雨后及时排水。

（2）药剂防治。在发病初期及时喷药保护，可选用58%雷多米尔锰锌可溶性粉剂500～800倍液或64%杀毒矾可湿性粉剂500倍液或72.2%普力克水剂800倍液，可每隔7～10天喷1次，连续2～3次。

小提醒：播种无病种子，种子用45℃温水浸种15min，或用种子重量0.3%的福美双拌种，也可用68%硫酸链霉素500倍液浸种24h，晾干后播种可显著降低发病率

### （三）四季豆根腐病

【为害与诊断】主要侵染根部或茎基部。一般早期症状不明显，直到开花结荚时植株较矮小，病株下部叶片从叶缘开始变黄，慢慢枯萎，一般不脱落，病株容易拔出。茎的地下部和主根变成红褐色，病部稍凹陷，有的开裂深达皮层，侧根脱落腐烂，甚至主根全部腐烂（图1-299至图1-301）。

图1-299　四季豆根腐病初期症状

图1-300　四季豆根腐病中期症状

【发病条件】主要通过雨水、灌溉水、工具和带菌肥料传播，从根部伤口侵入致皮层腐烂。一般土质黏重、过湿、偏酸、肥力不足和管理粗放的连作地发病较严重。

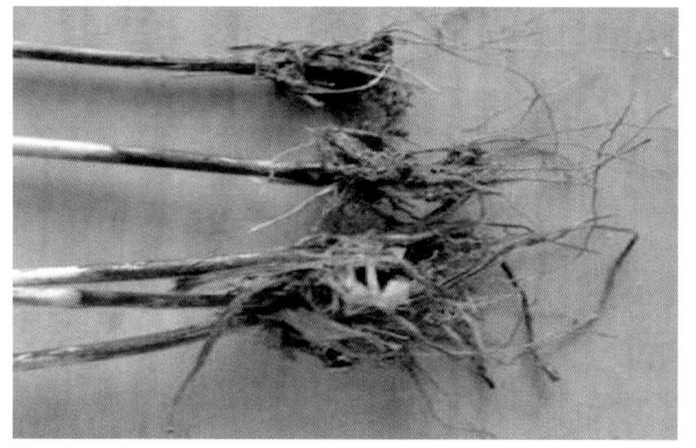

图1-301　四季豆根腐病后期症状

【绿色防控】

（1）农业防治。尽量避免连作，实行2～3年非豆科作物轮作；选用当地优良抗病品种；施用腐熟的堆肥、厩肥等有机肥，并适量施用石灰；加强田间管理，防止漫灌，雨后及时排水；发现病株及时拔除并掩埋或烧毁。

（2）药剂防治。播种时用艾菌托或甲基托布津或50%多菌灵可湿性粉配成1：50的药土穴施或沟施。发病初期可用选用普菌克、艾菌托1 200倍液或根腐宁800～1 000倍或枯萎灵500倍或敌克松1 000倍灌根，每隔10天左右1次，灌2～3次。

小提醒：使用酵素菌肥也有助于抑制和消灭土中病原菌，降低发病率。

## 十八、生　菜

生菜是最合适生吃的绿叶蔬菜，含有丰富的营养成分，深受大众喜爱。生菜为害普遍而严重的病害主要有生菜软腐病、生菜病毒病、生菜霜霉病、生菜菌核病等。

## （一）生菜软腐病

【为害与诊断】又称"水烂"，是一种细菌性病害。常年均可发生，特别是夏季。主要为害结球生菜的肉质茎或根茎部。一般从基部伤口处发病，初期呈水浸状，后扩大呈灰褐色湿腐状，迅速软化腐败。病情严重时可深入根髓部或叶球内。病部沿基部向上迅速扩展，致整个菜球腐烂。有时病害也可从外叶叶缘和叶球顶部开始腐烂（图1-302至图1-304）。

【发病条件】生菜软腐病是一种细菌性病害，病菌生长发育的最适温度25～30℃，多雨条件下易发病，多雨、连作田、低洼积水、闷热、湿度大时不利于蔬菜植株根系生长发育，使植株抗病性下降，有利于病菌繁殖传播，易引起病害流行。

【绿色防控】

可参见大白菜软腐病。

图1-302　病部由基部茎向叶部扩展

图1-303　生菜软腐病为害根茎部症状

图1-304　生菜软腐病严重时症状

## （二）生菜病毒病

【为害与诊断】生菜病毒病在全株及生育期均可发病。苗期发病，出苗后半个月就显示症状。叶片现出淡绿或黄白色不规则斑驳，叶缘不整齐，出现缺刻。继续染病，叶片初现明脉，后逐渐现出黄绿相间的斑驳或不大明显的褐色坏死斑点及花叶。成株染病症状有的与苗期相似，有的细脉变褐，出现褐色坏死斑点，或叶片皱缩变小，植株矮化，叶脉变褐或产出褐色坏死斑，导致病株生长衰弱，结实率下降（图1-305至图1-306）。

图1-305　生菜病毒病叶片出现明脉

图1-306　生菜软腐病叶片出现皱缩

【发病条件】生菜病毒病的发生与发展与气温直接相关，高温干旱发病较重，当高温平均气温18℃以上和长时间缺水时，病害发展迅速，病情也较重。

【绿色防控】

（1）农业防治。选择抗病良种，无病毒种子。甜脉菜、鸡冠生菜等品种较抗病毒病。注意适期播种，播种前后注意铲除田间及周边杂草，及早防蚜避蚜。

（2）生态防治。田间注意精细管理，高温季节种植选用遮阳网或无纺布遮荫防雨。有条件使用防虫网，防止蚜虫传毒。

提个醒：蚜虫是主要的传毒媒介，消灭蚜虫可减轻病情。

（3）药剂防治。发病初期喷药，发病初期喷施1.5%植病灵乳剂1 000倍液，也可用20%病毒A可湿性粉剂500倍液或10%混合脂肪酸铜水剂100倍液或38%抗病毒1号可湿性粉剂600～700倍液等，每隔5～7天喷1次，连续2～3次。

## （三）生菜霜霉病

【为害与诊断】生菜霜霉病各生育期均可发生，主要为害叶片，在诊断中重点在叶片背面。幼苗期发病，子叶正面发生不规则的褪绿黄褐色斑点，病害由基部逐渐向上扩展蔓延。初期叶片上产生淡黄色近圆形或多角形病斑。空气潮湿时叶背病斑长出白色霉层，严重时蔓延到叶片正面，后期病斑连接成片变为黄褐色，严重时全部外叶枯黄死亡（图1-307至图1-309）。

图1-307　生菜霜霉病苗期症状

图1-308　生菜霜霉病叶面症状

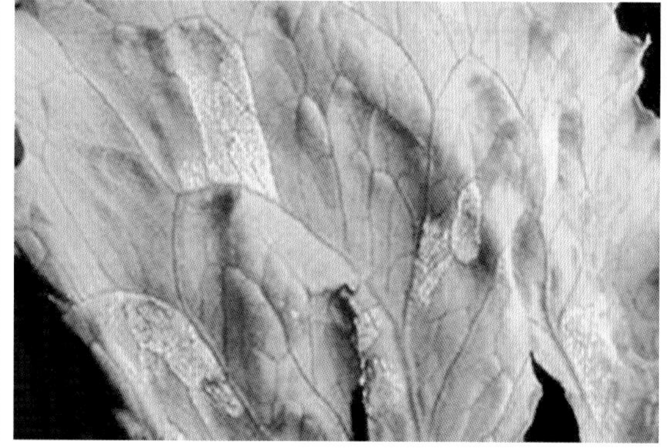

图1-309　生菜霜霉病叶背面霉层

【发病条件】生菜霜霉病病菌最适温在15～17℃，低温高湿环境时容易发病。间连作地，土壤黏重，低畦地块，排水不良地块发病重。植株栽培过密，通风透光差，氮肥施用过多地块发病也较重。

【绿色防控】

（1）农业防治。选择抗病品种。采用高畦、高垄或地膜覆盖栽培，实行轮作，注意种植密度，合理浇水，及时排水，及时通风降湿；减少氮肥的使用量，增施有机肥和磷

钾肥。

小经验：播种时在种子里掺入少量细潮土，并覆盖0.5cm厚的细土，并喷施新高脂膜保温保墒增肥效促出苗。

（2）生态防治。生菜霜霉病应以预防为主。收获后和种植前，彻底清除病残体落叶集中妥善处理。发现发病植株，及时摘掉病叶、病株并无害化处理。

（3）药剂防治。发病初期或前期可选用5%百菌清粉尘剂1kg/亩喷粉；发病中期用72%克绝和代森锰锌（克露）可湿性粉剂600～800倍液或喷施50%烯酰吗啉（安克）可湿性粉剂、72.2%霜霉威盐酸盐（普力克）液剂等针对性药剂进行防治或选用45%百菌清烟雾剂0.5kg/亩熏烟防治。

## （四）生菜菌核病

【为害与诊断】菌核病又称丝核菌病，诊断中重点是生菜茎部。生菜菌核病茎基部首先发病，最初病部产生黄褐色水渍状斑，然后逐渐扩展至整个茎部发病，使其腐烂或沿叶帮向上发展引起烂帮和烂叶，湿度大时形成软腐，并产生一层厚密的白色絮状菌丝体，后期转变成黑色鼠粪状菌核。茎部或叶片遭破坏腐烂，纵裂干枯。最后整株植株枯萎死亡（图1-310、图1-311）。

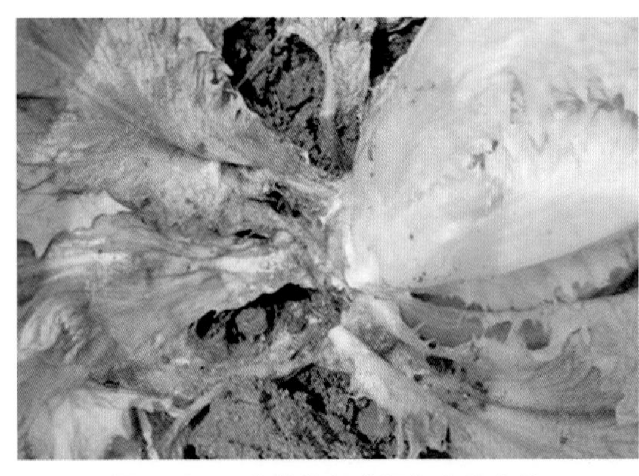

图1-310　生菜茎部黄褐色水渍斑状

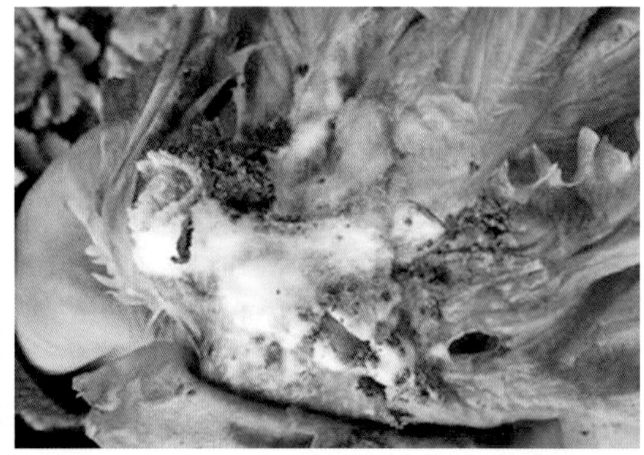

图1-311　生菜茎部产生白色絮状菌丝体

【发病条件】菌核形成和萌发适宜温度分别为20℃和10℃左右，当土壤湿润，空气湿度达80%以上，病害发生并蔓延。湿度在65%以下则病害轻或不发病。

【绿色防控】

（1）农业防治。选择抗病品种。合理施用氮肥，增施磷、钾肥，增强植株的抗病力。采用水旱轮作或与其他蔬菜轮作可减少病害。栽培时还可覆盖阻隔紫外线透过的地膜，使菌核不能萌发。

（2）生态防治。收获后和种植前，彻底清除病残体落叶收获后彻底清理病残落叶，深翻，将病菌埋入土壤深层，使其不能萌发或不能出土。

（3）药剂防治。发病初期，先清除病株病叶；再选用50%异菌脲可湿性粉剂1 000倍液，40%菌核净（纹枯利）可湿性粉剂800倍液或45%噻菌灵（特克多）悬乳剂800倍液喷

雾，重点喷洒茎基和基部叶片。隔7～10天1次，防治4～5次。还可选用粉尘法和烟雾法。

## 十九、菠　菜

菠菜又称波斯菜，是常见绿叶菜之一，中国各地均有普遍栽培。菠菜中发生率较高的病害主要是叶斑病、枯萎病、霜霉病和炭疽病等。

### （一）菠菜叶斑病

【为害与诊断】菠菜叶斑病又称白斑病，主要为害叶片。病斑呈圆形至近圆形，病斑中间褪绿，外缘淡褐至紫褐色，扩展后逐渐发展为白色斑。湿度大时，有些病斑上可见灰褐色毛状物；干湿变换激烈时，长出灰色霉状物（图1–312、图1–313）。

图1–312　菠菜叶斑病初期症状

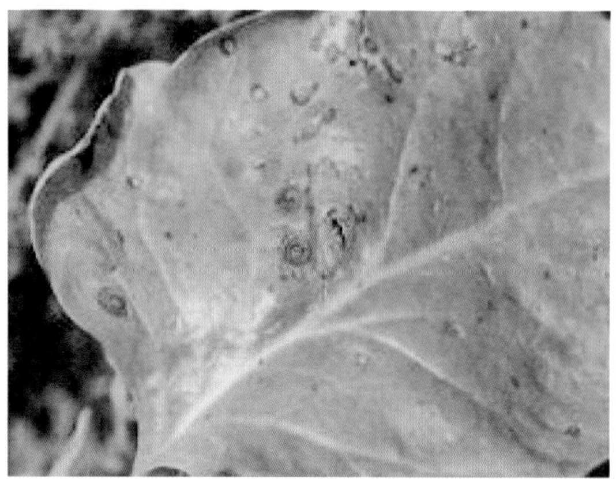

图1–313　菠菜叶斑病叶片白色斑

【发病条件】当白昼温差较大，生长势弱，温暖高湿条件，地势低洼、窝风、管理不善发病较重。在风雨气候时不断扩大为害。

【绿色防控】

（1）农业防治。选用抗病品种；选择地势平坦、有机肥充足、通风良好地块栽植菠菜，收获后及时清除病残体，使用腐熟的有机肥。

（2）生态防治。适当浇水、禁止大水漫灌，采用小水勤浇的原则，避免表土湿度过大，加重病害的发展。精细管理，提高植株抗病力。

（3）药剂防治。发病初期喷洒30%碱式碳酸铜（绿得保）悬浮剂400～500倍液或75%百菌清可湿性粉剂700倍液、50%多菌灵（多霉灵）可湿性粉剂1 000～1 500倍液，隔7～10天1次，防治2～3次。

提个醒：一旦发现叶片结露现象，应该及时喷施75%甲基硫菌灵（甲托）或60%硝酸铜钙（多宁）800～1 000倍液，可较早进行预防。

### （二）菠菜枯萎病

【为害与诊断】菠菜枯萎病一般在成株期发生较为严重。发病初期叶片变暗失去光

泽，逐渐萎蔫黄化，向下扩展后，根部变褐枯死；发病早的植株明显矮化。天气干燥、气温高时，病株迅速萎黄（图1-314至图1-316）。

【发病条件】病菌最适温度25～30℃。土壤潮湿、肥料未充分腐熟、地下害虫、线虫多易发病。土温低于25℃、高于39℃很少发病。

【绿色防控】

（1）农业防治。选择抗病品种。与葱蒜类、禾本科作物实行年轮作，避免连作，精细整地，施用充分堆制或腐熟的有机肥，并采用配方施肥技术，提高菠菜抗病力，

图1-314　菠菜枯萎病植株症状

（2）生态防治。采用高畦或起垄栽培，收获后和种植前，彻底清除病残体落叶收获后彻底清理病残落叶，抓好肥水管理，雨后及时排水，严禁大水漫灌。

（3）药剂防治。发现病株及时拔除，在病株四周浇喷50%多菌灵可湿性粉剂500倍液或喷施25%甲霜灵可湿粉800～1 000 倍液或77%碱式硫酸铜（波尔多液）可湿性粉剂600倍液， 隔半个月喷1次，连喷2～3次。

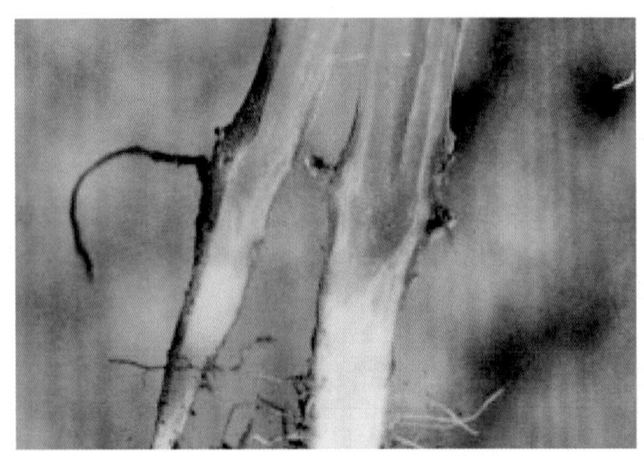

图1-315　菠菜枯萎病根部病状

图1-316　菠菜枯萎病根茎部枯萎

## （三）菠菜霜霉病

【为害与诊断】菠菜霜霉病广布菠菜种植区，属于真菌性病害，主要为害叶片。病斑初呈淡绿色小点，后呈淡黄色，不规则形，大小不一，边缘不明显。后期变褐枯死。严重时叶片背面病斑上产生灰白色霉层，后变灰紫色（图1-317至图1-319）。

【发病条件】发病最适温度15～20℃，相对湿度85%的条件下，天凉多雨气候下常暴发成灾。种植密度过大，植株生长弱，积水和早播情况下发病重。

【绿色防控】

（1）农业防治。选种抗病品种，合理轮作，及时清除前茬作物残株落叶。发现病株即时拔除田外烧毁。

（2）生态防治。加强田间管理，做到密度适当、科学浇水，防止大水漫灌，降低湿度。

（3）药剂防治。发病初期可喷洒40%乙膦铝可湿性粉剂200～250倍液，或用64%霜·锰锌杀毒矾可湿性粉剂500倍液，或用20%菜菌清可溶性粉剂400倍液等药剂喷雾防治隔6～7天喷1次，连喷2～3次，采收前8天停止用药。

图1–317　菠菜霜霉病初期症状

图1–318　菠菜霜霉病植株症状

图1–319　菠菜霜霉病叶背病斑

## （四）菠菜炭疽病

【为害与诊断】该病主要为害叶片及茎，病害通常从基部叶片开始发生，初生淡黄色水渍状小点，后扩大为圆形或椭圆形灰褐色病斑。发病严重时叶片变黄早枯（图1–320、图1–321）。

图1–320　菠菜炭疽病叶片症状

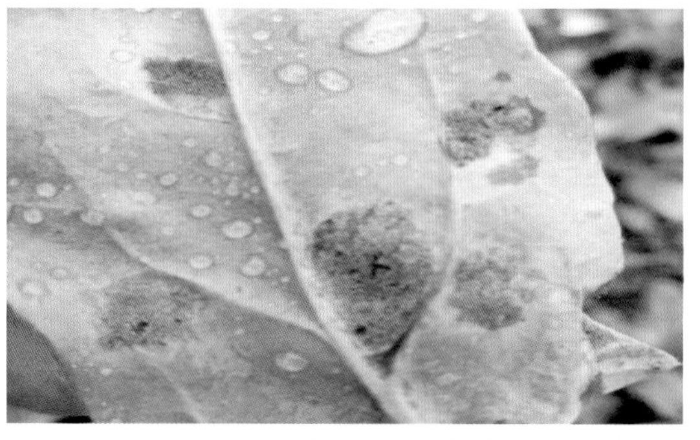

图1–321　菠菜炭疽病灰褐色斑点

【发病条件】降雨多、地势低洼、排水通风不良、种植密度过大、土壤潮湿易发病。种子带菌，肥料未充分腐熟，田间病残体较多时易发病。

【绿色防控】

（1）农业防治。选用抗病品种，选用无病、包衣的种子，如菠杂9号早熟一代品种。与其他蔬菜，特别是水旱作物实行3年以上轮作。适时追肥，注意氮、磷、钾配合。清洁田园、及时清除病残体，携出田外烧毁或深埋。

（2）生态防治。加强田间管理，做到合理密植、避免大水漫灌，雨水较多时，注意即时排出，防止湿气滞留，降低田间湿度，高温干旱时应科学灌水，以提高田间湿度。

（3）药剂防治。发病初期可喷洒2.5%洛菌晴悬浮剂1 000倍液或25%溴菌腈（炭特灵）可湿性粉剂500倍液、70%甲基硫菌灵可湿性粉剂1 000倍液加75%百菌清可湿性粉剂1 000倍液，隔7～10天1次，连续防治3～4次。

小经验：播种前种子用52℃温水浸20min，后移入冷水中冷却，晾干播种，可预防病害。

## 二十、莴 苣

莴苣是菊科。一二年生草本植物，分为叶用莴苣和茎用莴苣，中国各地均有栽培。茎用莴苣又称莴笋、香笋。叶用莴苣主要有生菜。莴苣为害普遍而严重的病害主要有莴苣霜霉病、莴苣褐斑病、莴苣菌核病，莴苣灰霉病等。

### （一）莴苣霜霉病

【为害与诊断】该病主要为害叶片及茎，病害通常从基部叶片开始发生，逐渐由下向上蔓延，最初叶片呈黄绿色近圆形病斑，后扩大呈多角形病斑。潮湿时，叶背病斑长出白色霉层，后期病斑枯死呈黄褐色并连接成片，致全叶干枯（图1-322至图1-325）。

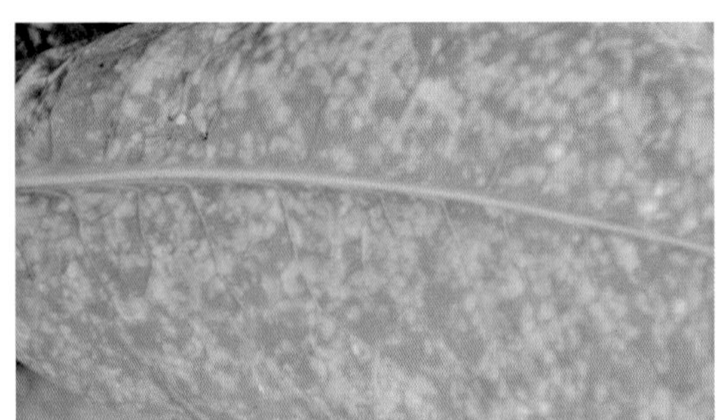

图1-322　莴苣霜霉病初期症状

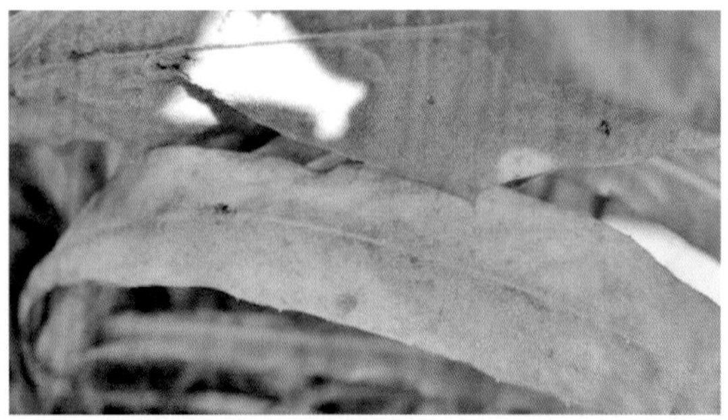

图1-323　莴苣霜霉病叶片症状

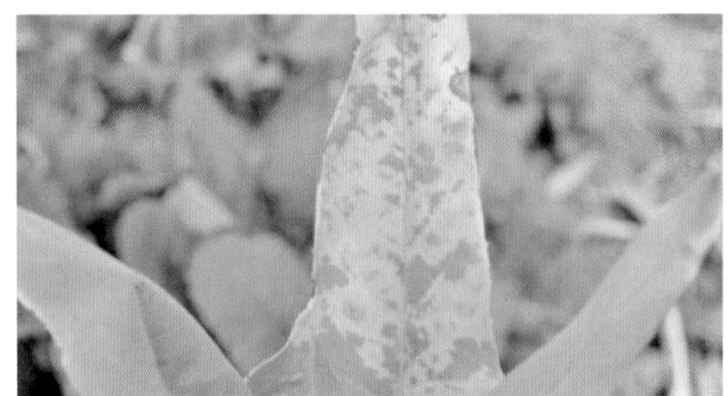

图1-324　莴苣霜霉病后期症状

图1-325　莴苣霜霉病田间症状

【发病条件】病菌最适温度16～24℃，湿度为70%～80%，雨水过多，栽植过密，浇水过多，湿度过大或排水不良都易发病。

【绿色防控】

参见生菜霜霉病。

## （二）莴苣褐斑病

【为害与诊断】主要为害叶片。病斑近圆形至不规则形、叶正面呈浅褐色至深褐色病斑，边缘不规则，外围有水渍状圈，严重时病斑互相融合，使叶片变褐干枯（图1-326、图1-327）。

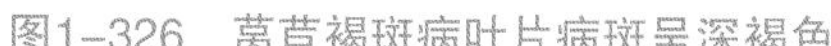

图1-326　莴苣褐斑病叶片病斑呈深褐色

图1-327　莴苣褐斑病叶片干枯

【发病条件】病菌最适温度16～24℃，相对湿度为70%～80%，雨水过多，栽植过密，浇水过多，湿度过大或排水不良易发病。

【绿色防控】

（1）农业防治。选择抗病品种。加强田间管理，合理施用氮、磷、钾肥，避免施氮肥过多。雨水季节要做好清沟排水工作，降低田间湿度，减少病菌滋生。及时摘除病叶、枯叶等。

（2）药剂防治。发病初期开始喷洒75%百菌清可湿性粉剂1 000倍液、70%甲基硫菌灵（甲基托布津）可湿性粉剂1 000倍液、50%异菌脲（扑海因）可湿性粉剂1 500倍液、10%苯醚甲环唑可分散粒剂2 000倍液等，隔10～15天1次，连续交替用药防治2～3次，收获前10天停止用药。

## （三）莴苣菌核病

【为害与诊断】莴苣菌核病多发生于基部。苗期发病，可短时间即可造成幼苗成片腐烂倒伏。病部初期呈褐色水渍状斑。后呈软腐状，病害处密生白色棉絮状菌丝，茎部或叶片遭破坏腐烂，最后整株植株腐烂死亡（图1-328、图1-329）。

图1-328　莴苣菌核病为害茎

图1-329　莴苣菌核病为害症状

【发病条件】发病最适温度为10～20℃。湿度较大、连作、地势低洼、排水通风不良、种植过密、氮肥施用过多的田块发病重。

【绿色防控】

（1）农业防治。选用抗病品种：如温棚二号、莴笋王等常带红色的品种较抗病。进行种子消毒。加强田间管理，采用水旱轮作或与其他蔬菜轮作。栽培时还可覆盖阻隔紫外线透过的地膜，使菌核不能萌发。合理施用氮、磷、钾肥，增施磷肥和钾肥，收获后和种植前，彻底清除病残体落叶收获后彻底清理病残落叶，深埋菌核，消灭菌源。高温时注意浇水降温。

（2）药剂防治。发病初期，先清除病株病叶，再选用50%异菌脲可湿性粉剂1 000倍液或50%腐霉利可湿性粉剂800倍液或40%菌核净可湿性粉剂1 200倍液或45%噻菌灵（特克多）悬乳剂800倍液喷雾。重点喷洒茎基和基部叶片。隔7～10天1次，防治4～5次。有条件的地区可以选用粉尘法和烟雾法。

## （四）莴苣灰霉病

【为害与诊断】莴苣灰霉病由灰葡萄孢菌引起的真菌病害，为害植株各部位。病害多从距地面较近的叶开始，病部初为水渍状，后渐变后为褐色腐烂状。严重时，从基部向上溃烂，地上部茎叶凋萎，整株死亡。潮湿的环境下，病部生出灰色或灰绿色霉层。天气干燥，病株逐渐干枯死亡，霉层由白变灰绿色（图1-330、图1-331）。

图1-330　莴苣灰霉病发病初期

图1-331　莴苣灰霉病叶片霉层

【发病条件】病菌最适温度15～25℃。相对湿度高于94%时、温度适宜即可发病。植株有伤口，栽培过密、温度过低、湿度过高、光照差、通风不良发病重。连续阴雨天气多的为害更重，常造成茎叶枯死，直接影响产量。

【绿色防控】

（1）农业防治。采用小高畦、地膜覆盖和滴灌技术，种植前和收获后彻底清除病株落叶，及时深埋或烧毁。

（2）生态防治。注意田间管理，合理密植，发病期增加通风和光照条件，尽量降低空气湿度。充分施足有机肥，增施磷钾肥，加强植物抗性。

（3）药剂防治。发病初期可施用40%嘧霉胺（施佳乐）悬浮剂800倍液或50%腐霉利可湿性粉剂1 500倍液或用40%施佳乐1 200倍液或50%多菌灵可湿性粉剂喷雾，有条件还可采用烟剂熏蒸防治。还可用10%腐酶利（速克灵）烟剂250g/亩。于傍晚熏烟防治，每隔7天1次，连续3～4次。

## 二十一、大　葱

大葱是四季常有的蔬菜，肥厚的叶鞘（假茎）和鲜嫩的叶是可食用的部分，其栽培过程中常见的病害有紫斑病、霜霉病、锈病、灰霉病等。

### （一）大葱紫斑病

【为害与诊断】大葱紫斑病，又称黑斑病，严重影响产量与品质。

大葱紫斑病主要为害叶和花梗，初期水渍状白色小点，后变淡褐色网形或纺锤形稍凹陷斑，继续扩大旱褐色或暗紫色，周围常具黄色晕圈，病部长出深褐色或黑灰色具同心轮纹状排列的霉状物，病部继续扩大，致全叶变黄枯死或折断（图1-332至图1-335）。

图1-332　大葱紫斑病发病后期症状

图1-333　大葱紫斑病为害叶片症状

图1-334　大葱紫斑病为害叶鞘症状

图1-335　大葱紫斑病为害食用部分叶片症状

【发病条件】在24～27℃下最适发病，低于12℃则不发病。在温暖多湿阴雨天，或缺肥、干旱、植株生长弱或洋葱蓟马咬伤叶片造成伤口时，发病严重。

【绿色防控】

（1）农业防治。选用无毒种苗或是种子进行消毒处理再播种，也可将种子用40%甲醛300倍液浸种3h杀菌，浸后及时洗净。加强田间管理，排水、除草，及时清除病株田外深埋处理；与韭菜、大蒜等作物进行轮作栽培，施足基肥，增施磷钾肥以增强植株抗病能力。

（2）药剂防治。发病初期喷洒75%百菌清（多清）或64%杀毒矾40%大富丹58%甲霜灵，锰锌可湿性粉剂500倍液，或用50%扑海因可湿性粉剂15 000倍液，隔7～10天喷1次，连续防治3～4次。

（3）及时防治洋葱蓟马，以免植株造成伤口，可用25%增效喹硫磷乳油1 000倍液或50%辛硫磷乳油1 000倍液或20%速灭杀丁乳油3 000～4 000倍液或4.5%高效氯氰菊酯3 000～3 500倍液或50%乐果乳油1 000倍液等喷雾防治。

小提醒：耕作栽培时挖排水沟，阴雨天加强排水，轮作栽培。

### （二）大葱霜霉病

【为害与诊断】大葱霜霉病是大葱生长期间的主要病害，条件适宜时病害则迅速蔓延，造成严重损失。

大葱霜霉病主要为害叶及花梗。中下部叶片染病，病部以上渐干枯下垂。假茎染病多破裂、弯曲。鳞茎染病，可引致系统性侵染。病株矮缩，叶片畸形或扭曲，湿度大时，表面长出大量白霉。花梗上初生黄白色或乳黄色较大侵染斑，纺锤形或椭圆形，其上产生白霉，后期变为淡黄色或暗紫色（图1-336至图1-341）。

图1-336　大葱霜霉病发病初期症状

图1-337　大葱霜霉病发病初期症状

图1-338　大葱霜霉病发病中期症状

图1-339　大葱霜霉病为害叶尖症状

图1-340　大葱霜霉病后期症状

图1-341　大葱霜霉病整个植株症状

【发病条件】该病在气温15℃左右，降雨较多时最有利于发病。昼夜温差大、连续阴雨天、土壤黏性重、栽植过早、偏施氮肥、湿度过大等，是霜霉病发生的主要原因。

【绿色防控】

（1）农业防治。选择地势高、土质疏松、排灌方便、通风良好的地块种植；选用抗病且无毒种子栽培；与豆类、瓜类、茄果等大田作物进行轮作倒茬栽培。

（2）加强田间管理，采收后对田园进行清洁消毒处理，土壤进行深耕深翻。

（3）药剂防治。发病初期喷药防治，可用58%甲霜灵·锰锌可湿性粉剂500～700倍液或64%杀毒矾可湿性粉剂500倍液或25%甲霜灵可湿性粉剂800倍液或72.2%普力克水剂800倍液，或用72%克露可湿性粉剂800倍液等，每10天喷1次，连喷2～3次。

小提醒：大葱叶面有蜡粉，不易着药，为增加药剂的粘着性，每10kg药液可加中性洗衣粉5～10g。

### （三）大葱锈病

【为害与诊断】大葱锈病是葱的一种主要病害，以秋季发病最重，导致葱叶提早枯死，产量下降，严重时绝收，对产量和质量有严重影响。

大葱锈病主要为害叶、花梗及绿色茎部。发病初期表皮上产出椭圆形稍隆起的橙黄色疱斑，后表皮破裂向外翻，散出橙黄色粉末，即病菌夏孢子堆及夏孢子。秋疱斑变为黑褐色，破裂时散出暗褐色粉末，即冬孢子堆和冬孢子。在田内出现“发病中心”，成点片状分布（图1–342至图1–344）。

图1–342　大葱锈病初期症状

图1–343　大葱锈病后期症状

【发病条件】气温在22～23℃的多雨时期及脱肥时亦常发病。在春、秋比较低温多雨的地区容易发病，并以秋季发病重。夏季低温多雨，有利于病菌的越夏，秋季发病就重。

【绿色防控】

（1）农业防治。施用腐熟的有机肥料做底肥，增施磷钾肥，促植株健壮，提高抗病力。

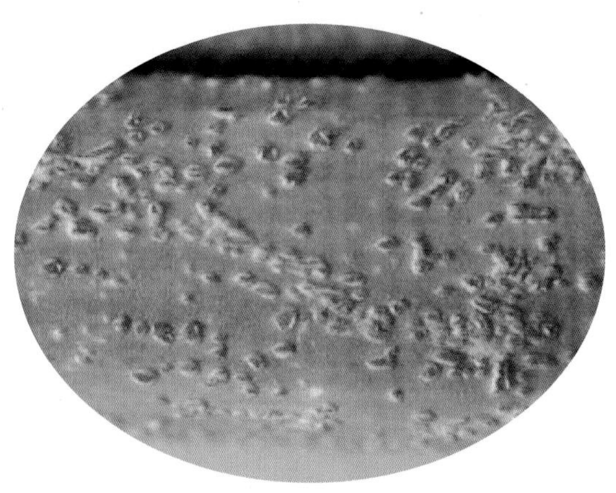
图1-344　大葱锈病后期症状

（2）发病重的田块，提前收获，并避免在发病重的田块附近栽葱。

（3）药剂防治。查找发病中心，喷药封锁，以后视病势发展和降雨情况，及时喷药。发病初期喷洒可使用国光黑杀可湿性粉剂3 000～4 000倍液，国光三唑酮乳油1 500～2 000倍液叶面喷雾进行防治，隔12～15天喷1次，连续防治2～3次。或用15%三唑酮可湿性粉剂2 000～2 500倍液或40%福星乳油5 000～6 000倍液或10%世高水分散粒剂1 500倍液或75% 灭锈胺可湿性粉剂1 000倍液等药剂喷雾防治，隔7～10天防治1次，连续防治2～3次。

小提醒：病情严重的可选用25%丙环唑乳油4 000倍液，连续喷洒2～4次。

## 二十二、大　蒜

近年来，大蒜种植越来越广泛，部分地区又是多年重茬种植，病虫害的发生也是越来越重，常见的病害有白腐病、锈病、菌核病等。

### （一）大蒜白腐病

【为害与诊断】大蒜白腐病是大蒜生长过程中最容易发生的病害之一，一旦发生，很难控制，造成减产严重。

大蒜白腐病主要为害叶片、叶鞘和鳞茎。初染病时外叶叶尖呈条状或叶尖向下变黄，后扩展到叶鞘及内叶，植株生长衰弱，整株变黄矮化或枯死，病部呈白色腐烂，茎基变软，鳞茎变黑腐烂。田间成团枯死，形成一个病窝（图1-345至图1-347）。

图1-345　大蒜白腐病症状

图1-346　大蒜白腐病引起基部腐烂症状

【发病条件】低温高湿条件最易发生，低温20℃以下，湿度大于90%时容易流行；早春生长瘦弱的蒜田易发病，进入雨季后病势扩展迅速。

【绿色防控】

（1）农业防治。与非百合科蔬菜轮作2年以上。

（2）生物防治。采用地膜覆盖栽培方式，发现病株及时挖除，最好在形成菌核前进行。

（3）生物化学防治。播种前用蒜重的0.5%～1%的2.5%咯菌腈悬浮种衣剂给蒜种包衣后再播种，或用50%多菌灵（银多）可湿性粉剂把蒜种处理后再播种。

图1-347　大蒜白腐病形成病窝症状

（4）药剂防治。于发病初期喷洒50%乙烯菌核利水分散颗粒剂1 000倍液或40%嘧霉胺悬浮剂1 000倍液隔10天左右1次，防治1次或2次。采收前3天停止用药。用75%的蒜叶青可湿性粉剂1 500倍液隔10天左右叶面喷雾1次，防效显著

小提醒：根据比例将0.5kg药剂对水3～5kg，把50kg蒜种拌匀，晾干后播种，可有效地切断初侵染途径。

## （二）大蒜锈病

【为害与诊断】大蒜锈病是大蒜常见的病害之一，以留种大蒜通过适宜的环境引起病害，严重情况造成大蒜减产，各菜区普遍发生，主要为害露地栽培的大蒜。

大蒜锈病主要侵染叶片和假茎。病部初为梭形褪绿斑，后在表皮下出现圆形或椭圆形稍凸起的夏孢子堆，表皮破裂后散出橙黄色粉状物，病斑四周具黄色晕圈，后病斑连片致全叶黄枯，植株提前枯死（图1-348、图1-349）。

图1-348　大蒜锈病初期症状

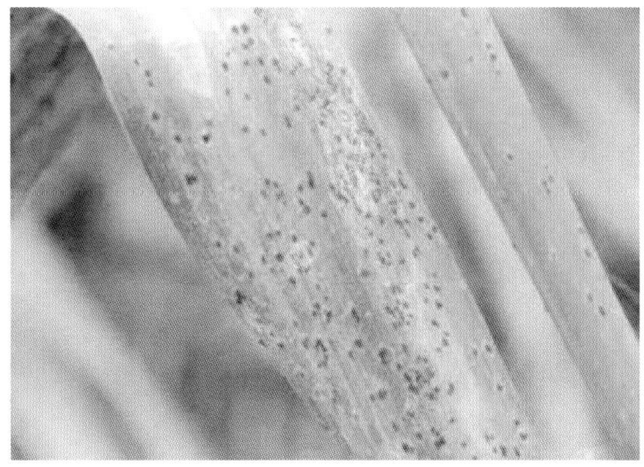

图1-349　大蒜锈病后期症状

【发病条件】病菌喜较低温度、潮湿的环境，发病最适宜的气候条件为温度10～23℃，相对湿度90%以上。早春低温、多雨或梅雨期间多雨或秋季多雾、多雨的年份发病重。

【绿色防控】

（1）农业防治。适时晚播，合理施肥，减少灌水次数，杜绝大水漫灌。

（2）药剂防治。发病初期，选用40%福星乳油5 000～6 000倍液或10%世高水分散粒剂1 500倍液，15%三唑酮可湿性粉剂1 500倍液，70%品润干悬浮剂600～800倍液或25%敌力脱乳油3 000倍液或75%灭锈胺可湿性粉剂1 000倍液等或30%苯醚甲·丙环乳油3 000倍液或10%多抗霉素（多效酶素）B可湿性粉剂1 000倍液，隔10～15天1次，连防1次或2次。

小提醒：遇有降雨多的年份，早春要及时检查发病中心，喷药预防。

## （三）大蒜枯叶病

【为害与诊断】大蒜枯叶病常大面积发生，造成大片的蒜叶枯死，轻者蒜薹细小，质量低劣；重者抽不出薹或蒜薹腐烂，影响产量，严重制约了大蒜的发展。

大蒜枯叶病主要为害叶片，严重时也为害蒜薹。叶片受害多始于叶尖，初呈花白色小圆点，发展后，呈不规则形或椭圆形，呈灰白色或灰褐色病斑，向下发展，致病叶上半部枯死（图1-350、图1-351）。

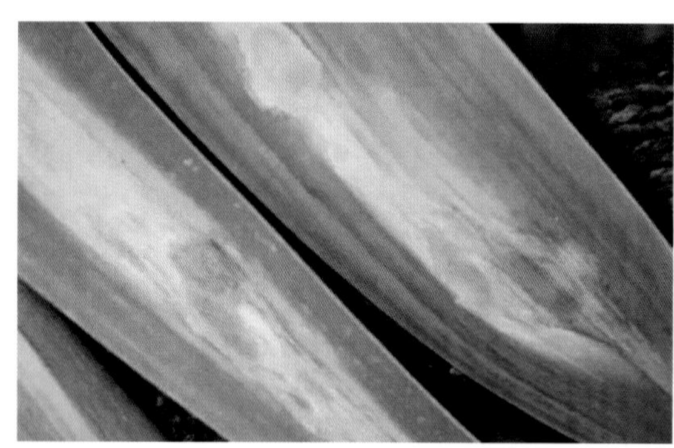

图1-350　大蒜枯叶病症状

图1-351　大蒜枯叶病田间症状

【发病条件】该病多发生在春季，当开春后日平均温度达12℃时开始发病，18℃时病斑大量出现，发病最适温度15～25℃，温度在8℃以下、34℃以上很少发病。

【绿色防控】

（1）农业防治。播前药剂拌种。蒜头剥开用3%苯醚甲环唑种衣剂，用量为蒜头种子重量的0.3%进行拌种。

（2）加强田间管理。合理施肥，合理密植，及时开沟排水，降低温度增强植株抗病力。对病残株要及时清理，烧毁或深埋，减少菌源。

（3）药剂防治。发病初期可选用75%百菌清（多清）可湿性粉剂500倍液或50%多菌灵（银多）可湿性粉剂1 000～1 500倍液或20%叶枯唑可湿性粉剂500～700倍或12%绿乳铜乳油600 倍液喷雾，视病情隔7～10天1次，连续防治2～3次。

小提醒：于大蒜鳞芽花芽分化期和蒜薹伸长期，开始喷洒50%咪鲜胺可湿性粉剂1 000倍液或50%多菌灵（银多）磺酸盐（溶菌灵）可湿性粉剂700倍液，隔7～10天喷1次，连续防治3～4次，能确保大蒜顺利抽薹和鳞茎正常膨大。

## 二十三、韭　菜

韭菜是多年生宿根蔬菜，产品多为柔嫩的叶片和叶鞘，适于保护地栽培，随着连作种植年限的增加，菌源集中，栽培过程中疫病、霜霉病等为害越来越严重。

### （一）韭菜疫病

【为害与诊断】韭菜疫病各菜区普遍发生，为害越来越严重，个别地块发病率高达70%以上。

叶片染病后，初呈暗绿色水浸状，病部失水后明显缢缩，一起叶下垂腐烂，湿度大时，病部产生稀疏白霉；根盘部呈水浸状，浅褐至暗褐色腐烂，纵鳞茎内部组织呈浅褐色（图1-352至图1-356）。

图1-352　韭菜疫病初期症状

图1-353　韭菜疫病叶鞘

图1-354　韭菜疫病导致假茎带白霉

图1-355　韭菜疫病导致叶鞘干枯脱落

【发病条件】病菌喜高温、高湿环境，发病最适气候条件为温度25～32℃，相对湿度90%以上。土壤含水量大，空气湿度大发病重。肥水管理不善，偏施过施氮肥或植地过湿等会加重发病。

【绿色防控】

（1）农业防治。平整土地，排除畦内多余水分，轮作栽培；壮苗移栽，加强田间管理，雨季及时清除一叶，植株间通风。

（2）药剂防治。7月中旬至8月上旬选用25%甲霜灵可湿性粉剂800倍液或40%乙膦

图1-356　韭菜疫病导致全园减产

铝可湿性粉剂300倍，拱棚韭菜在发病初期选择69%安克锰锌可湿性粉剂1 000倍液或72.2%普力克水剂600～800倍液或72%克露可湿性粉剂700倍液等喷雾；傍晚可选用粉尘剂如6.5%多菌霉威或50%百菌清（多清）或10%沙霉灵15kg/hm²喷撒。

小提醒：阴天可选用烟剂进行烟熏，10%速可灵，分6～8个点点燃，闭棚3～4h。

## （二）韭菜灰霉病

【为害与诊断】韭菜灰霉，病俗称“白点”病，是韭菜上常见的病害之一，各菜区普遍发生。

图1-357　韭菜灰霉病初期症状

韭菜灰霉主要为害叶片，初在叶面产生白色至淡灰色斑点，随后扩大为椭圆形或梭形，湿度大时病部表面密生灰褐色霉层。后扩展为半圆形病斑，黄褐色，表面生灰褐色霉层，引起整簇溃烂，严重时成片枯死（图1-357至图1-359）。

【发病条件】该病发生与温、湿度关系密切，菌丝生长适温为15～21℃，空气相对湿度在85%以上发病重，低于60%则发病轻或不发病。夜间韭菜受冻、白天高温、湿度大，发病重。露地栽培早春或秋末冬初，遇到连阴雨天气，相对湿度95%以上，易造成流行。

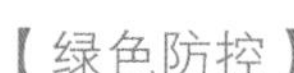

图1-358　韭菜灰霉病感染整个植物

【绿色防控】

（1）农业防治。清除病株，注意植株间通风，控制浇水，减少叶面结露；加强田间管理。

（2）拱棚韭菜适时通风降湿是防治该病的关键。通风量要根据韭菜的长势确定。刚割过的韭菜或外界温度低时，通风量要小或延迟通风，严防扫地风。

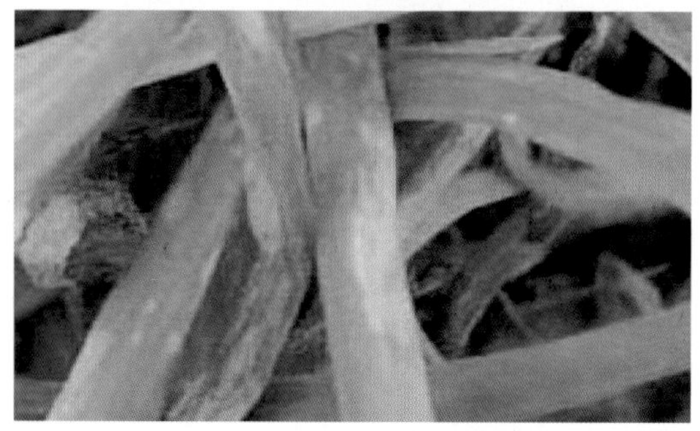

图1-359　韭菜灰霉病后期症状

（3）药剂防治。每次培新土时，对新叶和周围土壤喷1次50%苏克灵可湿性粉剂1 500～2 000倍液或70%甲基托布津可湿性粉剂1 000倍液，50%多菌灵（银多）可湿性粉

剂500倍液，70%代森锰锌（大生）可湿性粉剂400倍液，65%甲硫·霉威可湿性粉剂1 000倍液或25%咪鲜胺乳油1 000倍液或40%嘧霉胺悬浮剂1 200倍液，每 7 天喷1次，连喷2～3次。

（4）烟熏防治。每亩用10%速克灵烟剂250g或3%噻菌灵烟剂350g或5%灭菌灵粉尘剂1 000g，分放6～8个点，用暗火烟熏3～4h，连熏5～6次。

小提醒：药剂防治可重点防治新叶及周围土壤的病菌。

## 二十四、芹　菜

芹菜产量较高，经济效益良好，因而广受菜农青睐。但与此同时，芹菜病害种类较多，防治工作较为复杂，在一定程度上制约了芹菜的产量。生产上斑枯病、软腐病、菌核病、病毒病是芹菜的四大病害，加上缺钙，最为普遍。

### （一）芹菜斑枯病

【为害与诊断】芹菜斑枯病，又叫叶枯病、晚疫病，俗称“火龙”，是芹菜生产上常见病害，发病率达50%～60%，平均减产15%～30%，已成为制约芹菜高效、优质生产的关键因素。

芹菜斑枯病主要为害叶片，其次是叶柄、茎，诊断以叶片为主。

主要有大斑型和小斑型2种，华南只发生大斑型，东北以小斑型为主。大斑型初发病时，病斑初为淡褐色、油渍状的小斑点，边缘明显，后逐渐扩大，中部呈褐色坏死，外缘多为红褐色且明显，中间散生少量小黑点。病斑多散生，大小不等，直径3～10mm。为害严重时，全株叶片变为褐色干枯状。小斑型，直径大小0.5～2mm，常多个病斑融合，边缘明显，中央呈黄白色或灰白色，边缘聚生许多黑色小粒点，病斑外常有一黄色晕圈。

叶柄或茎部病斑褐色油渍状，长圆形稍凹陷，中间散生黑色小点，严重时叶枯茎烂（图1-360至图1-362）。

图1-360　芹菜斑枯病大斑型病斑

图1-361　芹菜斑枯病小斑型病斑

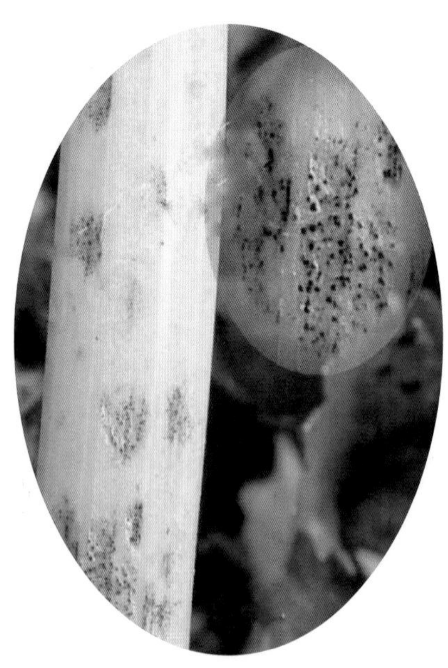
图1-362 芹菜斑枯病茎部病斑

【发病条件】芹菜斑枯病为一种真菌性病害，低温高湿有利于该病的发生，发病最适宜温度为20～25℃，湿度为95%以上，保护地芹菜发病较重。连阴天、气温波动频繁或昼夜温差大、日间燥热、夜间结露、植株生势弱、灌水较多、通风排湿不及时等因素常可导致病害的迅速蔓延。

【绿色防控】

（1）农业防治。种子消毒，新种用48～49℃的水浸种30min，边浸边搅拌，再在冷水中浸20min，晾干后播种。

推荐：生产上用0.2%高锰酸钾浸种15min。

（2）生态防治。保护地栽培要注意降温、排湿，白天温度控制在15～20℃，高于20℃要及时放风，晚上温度控制在10～15℃，缩小日夜温差，切忌大水漫灌。

（3）药剂防治。预防该病应在芹菜苗高3cm时，开始喷药保护，每隔7～10天喷1次，连喷2～3次。药剂可选用50%利得可湿性粉剂800倍液或80%大生可湿性粉剂1 000倍液或75%百菌清可湿性粉剂600倍液或绿亨二号800倍液喷雾，每隔7～10天喷1次，连续2～3次。选用58%甲霜灵锰锌600倍液+10%苯醚甲环唑1 500倍液+报农“活力素”750倍液；或用50%乙膦铝锰锌600倍液+12.5%腈菌唑2 000倍液+金太龙追肥宝喷施肥600倍液；或用72%霜脲锰锌600倍液+12.5%戊唑醇2 000倍液+漯效王600倍液，每隔5～7天喷1次，连续防治3～4次，交替使用可有效防治。

小经验：用德国拜耳生产的68.75%氟菌·霜霉威悬浮剂（银法利）1 000倍液+霉多克（66.8%丙森锌·缬霉威）1 000倍液，效果好！

## （二）芹菜软腐病

【为害与诊断】芹菜软腐病又称“烂疙瘩”，属细菌性土传病害。

芹菜软腐病多发生在芹菜移栽缓苗期或缓苗后的生长初期。一般先从柔嫩多汁的叶柄基部开始发病。发病初期先出现水浸状，形成淡褐色纺锤形或不规则的凹陷斑，后迅速向内部发展，湿度大时病部呈湿腐状，变黑发臭，仅残留表皮（图1-363至图1-366）。

【发病条件】芹菜软腐病在4～36℃内均能发生，最适温度为27～30℃。病菌脱离寄主单独存在于土壤中只能存活15天左右，且不耐干燥和日光。有伤口时病菌易于侵入，高温多雨时植株上的伤口更不易愈合，发病加重，容易蔓延。

【绿色防控】

（1）农业防治。在定植、中耕、除草时，应避免伤根或使植株造成伤口。定植不宜过深，培土不应过高，以免叶柄埋入土中；雨后及时排水；发现病株及时清除，并撒入

石灰等消毒；发病期减少或停止浇水，防止大水漫灌。

（2）药剂防治。发病初期喷20%噻菌铜（龙克菌）悬浮剂500倍液，或用14%络氨铜水剂350倍液或30%琥胶肥酸铜（万家）可湿性粉剂500～600倍液，每7～10天喷1次，连续喷3～5次。

图1-363　芹菜软腐病病部湿腐状

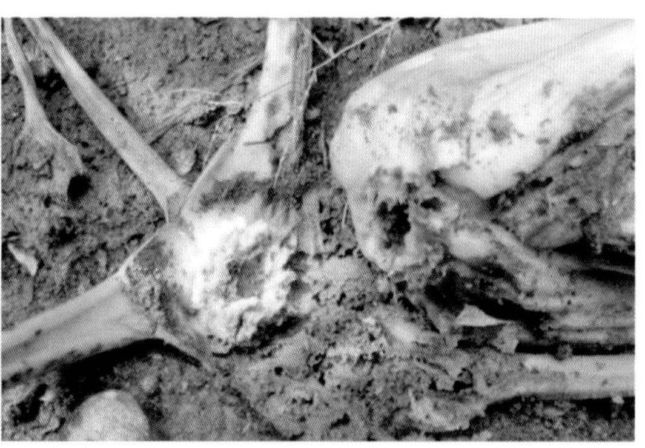

图1-364　芹菜软腐病后期症状

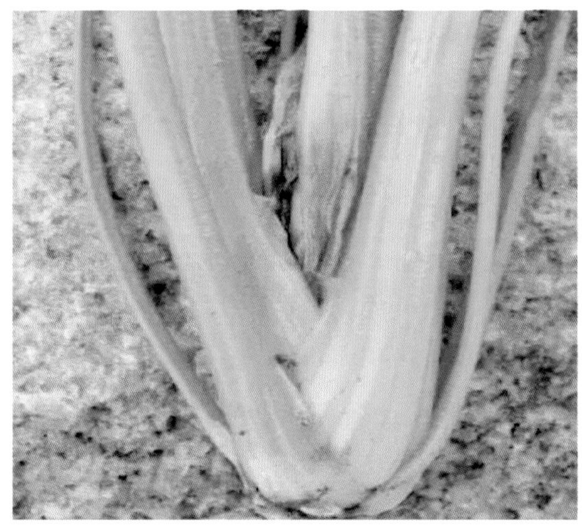

图1-365　芹菜缺钙引起烧心

图1-366　芹菜叶柄开裂

注意：95%的大棚芹菜缺钙与软腐病同时发生，农民束手无策。症状是：顶端枯死，顶端生长受阻，新叶黄化，叶缘干枯，植株无新鲜感，继而得软腐病。

【解决方案】

（1）缓苗后，5g汽巴瑞培钙(高效螯合态EDTA钙肥）+8ml中农瑞苗清（3%甲霜·恶霉灵）+佳园万家（30%硝基腐植酸铜）可湿性粉剂500倍液（1桶水，约15kg），补钙杀菌促苗生长。

（2）瑞培钙10g/亩+瑞苗清16ml/亩+佳园万家60ml/亩，3天喷1次，2次即可。

生产上芹菜叶柄开裂现象普遍，这不仅影响芹菜商品品质，而且极易引起病菌感染，致使芹菜发病霉烂。芹菜叶柄开裂的原因首先可能是生长受阻，突发高温，植株吸收水分过多造成组织快速充水从而引起芹菜叶柄开裂。这就需要菜农加强温度、水分的控制，减少芹菜叶柄开裂。再次就是缺硼引起的芹菜叶柄开裂，施入硼砂1kg/亩，与有机肥充分混匀

或叶面喷施0.1%～0.3%的硼砂溶液。喷施10g汽巴瑞培棚（1桶水，15kg），效果不错。

### （三）芹菜菌核病

【为害与诊断】随着保护地芹菜面积不断扩大，芹菜菌核病为害越来越严重，此病在贮藏期可继续发病，损失常重于田间。

芹菜菌核病可为害芹菜的叶片、叶柄和茎，典型诊断为黑色鼠粪状菌核。

芹菜菌核病一般叶片首先发病，叶片初始产生淡黄色水渍状斑，逐渐变成褐色，湿度大时形成软腐，并产生一层厚密的白色絮状菌丝体，后形成黑色鼠粪状菌核，条件适宜时蔓延至叶柄及茎（图1-367、图1-368）。

图1-367　芹菜菌核病叶柄症状

图1-368　芹菜菌核病，菌丝、菌核

【发病条件】芹菜菌核病属于真菌性病害，以菌核在土壤中或混在种子中越冬，菌核萌发温度范围5～20℃，最适温15℃，在50℃时5min即死亡。相对湿度高于85%以上时，最适宜感病。秋冬季低温、寒流早，因寒流受冻的年份发病重。

【绿色防控】

（1）农业防治。播种前筛去菌核，或用10%食盐水漂种，汰除菌，核并用清水洗净后，晒干播种。发病地块及时拔除田间病株。收获后清除病残体，并带出田外深埋或烧毁。保护地夏季高温闭棚，杀死菌核。

（2）药剂防治。①喷雾：40%菌核净可湿性粉剂700倍，或用40%嘧霉胺（施佳乐）悬浮剂1 000 倍液，在发病初期开始喷药每7～10天喷1次，连喷2～3次，喷药时着重喷植株下部。②喷粉：5%百菌清粉尘剂、6.5%硫菌·霉威粉尘剂、5%福·异菌粉尘剂或5%氟吗啉粉尘剂等，1kg/亩，隔7天喷1次，连喷3～4次。③熏烟：45%百菌清烟雾剂、3.3%噻菌灵烟剂、10%腐霉利烟剂等，250～350g/亩，傍晚密闭烟熏，隔7天熏1次，连熏4～5次。

### （四）芹菜病毒病

【为害与诊断】芹菜病毒病，又称花叶病、皱叶病和抽筋病等，由病毒侵染引起的系统性病害，从苗期至成株期均可发病，发病愈早，损失愈大。

图1-369　芹菜病毒病黄绿相间花斑

图1-370　芹菜病毒病黄色病斑

芹菜病毒病最适感病生育期为成株期，主要为害叶片，有两种类型。一种是病叶开始表现黄绿相间的花斑，以后叶柄缩短，叶畸形，并出现褐色枯死斑；另一种是叶片上出现黄色病斑，全株黄化。也可两种症状混合发生。偶尔也有簇生蕨叶症状的植株（图1-369、图1-370）。

【发病条件】芹菜病毒病病毒喜高温干旱的环境，适宜发病的温度范围为15～38℃，最适发病温度为20～35℃，相对湿度在80%以下。

【绿色防控】病毒病发病后很难防治，故应做好预防工作。

（1）农业防治。定植前，淘汰感病植株。在高温干旱季节育苗要搭棚遮阳，整个生长期及时防治蚜虫、白粉虱，采用防虫网覆盖。 对白粉虱用药，平时只对成虫有效，不杀卵，繁殖快，一天两三代。

小经验：最好用8%阿维菌素乳油3 000倍液+亩旺特（22.4%螺虫乙酯）16ml/桶（杀卵），7天以后再打1次，一个月没白粉虱。

（2）药剂防治。可选用0.1%的高锰酸钾溶液或20%病毒灵1 000倍液或8%宁南霉素水剂400倍或多肽抗毒素700倍液，在发病初期每隔7天用药1次，连续喷3～4次；也可用1.5%植病灵1 000倍液，在苗期或发病前期防治，间隔10～15天用药1次，连续喷施3～5次。

小经验：缺锌易导致病毒病，补锌能钝化病毒，配方是：瑞培锌3 000倍+20%赤霉素（金哥）4 000倍+丰资（20%吗胍·乙酸铜）5 000倍，效果显著。

综合预防缺素症：株高30cm前，每亩面积喷瑞培棚20g+瑞培锌10g，同时喷1次瑞培钙10g。株高30cm后，再喷1次瑞培钙20g。

# 第二章　蔬菜生理性病害及药害诊断与绿色防控

在蔬菜栽培中，由于环境条件不适和栽培措施不当等，蔬菜生理性病害发生较常见，且误诊的情况很多，这不仅增加了治疗成本，而且也延误了治疗时间，造成蔬菜减产。

## 一、黄瓜花打顶

【为害与诊断】在棚室黄瓜苗期或定植初期常常会遇到黄瓜的“花打顶”现象，对黄瓜产量的影响很大。黄瓜花打顶表现为生长点不再向上生长，生长点附近的节间长度缩短，不能再形成新叶，典型诊断特征是在生长点的周围形成雌花和雄花间杂的花簇。花开后瓜条不伸长，无商品价值，同时瓜蔓停止生长（图2-1）。

图2-1　典型的黄瓜花打顶症状

【发病条件】土壤干旱、肥料过多尤其是过磷酸钙，或喷洒农药过量；机械伤根或其他原因伤根土；壤湿、土温低，昼夜温差大、夜间温度低（低于10℃）；株型矮、叶小、老化，均易出现花打顶。

【绿色防控】

（1）疏花。减轻生殖生长的负担，摘除大部分瓜纽、雌花。

（2）叶面喷肥。摘掉雌花后，喷施0.2%～0.3%的磷酸二氢钾，或硫酸锌和硼砂的水溶液，还可喷专治花打顶的药剂。

（3）水肥管理。发生花打顶后，浇大水后密闭温室保持湿度，提高白天和夜间温度，一般7～10天即可基本恢复正常，其间可酌情再浇1次水。适量追施速效氮肥和钾肥（硝酸钾或硫酸钾）。

（4）温度管理。育苗时温度不要过高或过低；适时移栽，避免幼苗老化；温室保温性能较差时，夜间加盖小拱棚保温。定植后一段时间内，白天不放风，尽量提高温度。

（5）增加光照。即使大风雪天气，中午也要短时拉开或随拉随放，让黄瓜见散射光。在棚室内后墙前张挂反光幕，应用人工补光。

（6）植株调整。7～8节以下不留瓜，促进植株生长健壮。株高30～35cm吊蔓，适

时适度落蔓，使龙头始终离地面1.5～1.7m，同时去除老叶片。对瓜码密、易坐瓜的品种适当疏去部分幼瓜和雌花。一旦出现花打顶，及时采收成熟瓜和未熟瓜，长势强的可留1～3个大瓜，长势弱的应全部摘除。

（7）正确使用激素。当有花打顶迹象时，及早喷洒赤霉素，浓度为500mg/kg左右，低温时浓度稍高，高温时浓度稍低。对雌性强的品种应增加浓度，以不超过1 000mg/kg为度。

温馨提示：在温室冬春茬黄瓜定植不久，由于植株生长缓慢，往往在生长点处聚集大量雌花（小瓜纽），常被误认为是花打顶。其实，只要进行正常的浇水施肥，待黄瓜节间伸长后，这一聚集现象会自然消失。如将其误诊为花打顶，按防治花打顶的方法进行疏瓜处理，会贻误结瓜最佳时期，造成惨重损失。

## 二、黄瓜畸形瓜

【为害与诊断】黄瓜畸形瓜是指在保护地及露地后期栽培条件下生产黄瓜时，常出现曲形瓜、尖嘴瓜、细腰瓜、大肚瓜等现象，有时还出现苦味瓜。

（1）曲形瓜。在植株生长的过程中，瓜条逐渐呈弯曲状态，在最初和最后的果穗发生较多（图2-2）。

（2）尖嘴瓜。瓜条未长成商品瓜，瓜的顶端停止生长，形成尖端细瘦（图2-3）。

（3）细腰瓜。瓜条中腰部分细，两端较肥大（图2-4）。

（4）大肚瓜。瓜条基部和中部生长正常，瓜的顶端肥大（图2-5）。

（5）苦味瓜。苦味黄瓜嫩瓜与正常的商品嫩瓜外观一致，但生食时口感涩麻，有苦味，花头蒂头的苦味重于中间部分；切成片加调料后，稍有苦味，熟食时与正常黄瓜没明显差别。

图2-2　典型的黄瓜曲形瓜

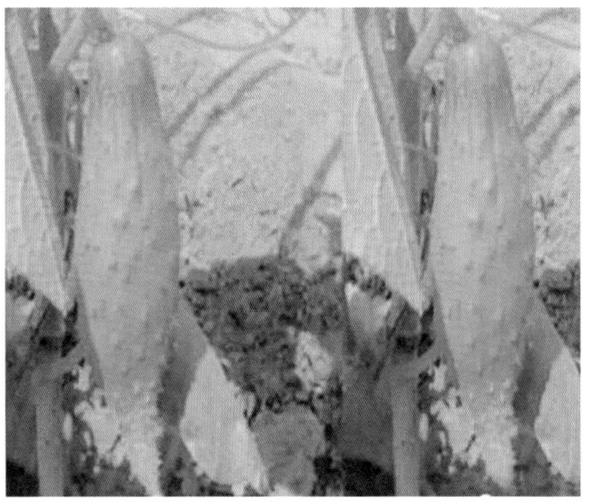

图2-3　典型的黄瓜尖嘴瓜

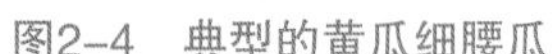

图2-4 典型的黄瓜细腰瓜

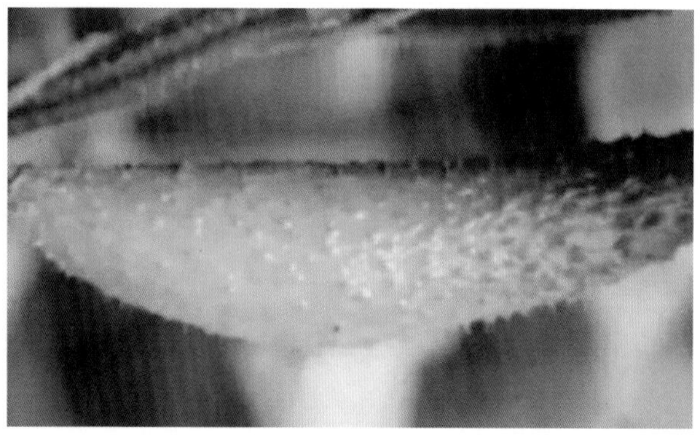

图2-5 典型的黄瓜大肚瓜

【发病条件】

（1）曲形瓜。光照不足，营养不良，温度、水分管理不当。高温、低温、昼夜温差过大或过小易发生。此外，幼果被架材及茎蔓遮阴或夹长也易形成曲形瓜。

（2）尖嘴瓜。温棚内北部光照不足，昼夜温差小，密度过大，透光不良，瓜条膨大时肥水供应不足；植株长势弱，叶片小，黄叶，生长点受抑，根系受到损伤；植株生长后期表现衰老，或被病虫为害，或遇连阴天；一个叶节长出多条瓜，长势弱的易出现尖嘴瓜。

（3）细腰瓜。在温室后排，白天光照弱，夜间温度高，昼夜温差小；钾素供应不足；植株体内硼元素缺乏。

（4）大肚瓜。瓜条细胞膨大时，温度高、水分大，根系吸收能力强，浇水过量，不均匀。

（5）苦味瓜。施磷钾肥过少或施氮肥过多，易形成苦味瓜；低温、弱光照条件下生长，氮肥施量过多，嫩瓜不仅有苦味，而且口感涩麻；大棚内高温持续时间过长，瓜条中积累苦瓜素多；大棚中空气湿度较大，土壤湿度较小，大量的苦瓜素从茎叶转移到果实中，产生苦味。

【绿色防控】

（1）曲形瓜。做好温度、湿度、光照及水肥管理，要避免温度过高过低，温差过大过小。

（2）尖嘴瓜。加强水肥管理，增施有机肥料，提高土壤的供水、供肥能力，防止植株早衰；采用高光效无滴棚膜，增加透光度；合理密植，做好病虫害防治。

（3）细腰瓜。挂反光膜，重施腐熟有机肥，增施微量元素肥料，每亩施1kg硼砂作基肥；施硫酸钾15kg或喷施0.2%的磷酸二氢钾。

（4）大肚瓜。适时适量浇水，控制温度，避免出现大的温差。

（5）苦味瓜。按氮、磷、钾，三元素5∶2∶6的比例配方施肥。注意温度管理，当棚温高于30℃时要及时放风，使地温保持在13℃以上。叶面经常喷洒磷酸二氢钾等营养调节剂。

## 三、番茄空洞果

【为害与诊断】冬季温室番茄生产中，易出现外部膨大而空心的果实。这不仅直接影响产量，也大大降低了番茄的品质和口感，从而导致生产效益的降低。番茄空洞果是指果皮与果肉胶状物之间具空洞的果实（图2-6）。

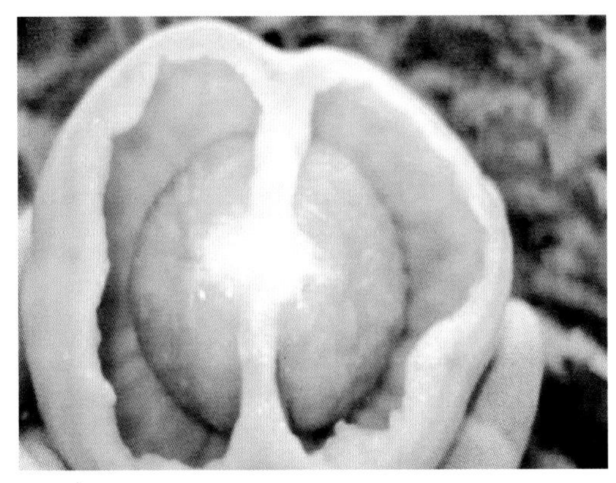

图2-6　番茄空洞果典型症状

【发病条件】地温过低；蘸花处理时激素浓度过高或重复蘸花；生长后期及结果盛期肥力不足；氮肥施用过多也容易形成空洞果。

【绿色防控】

（1）冬季浇水采用温水。一般水温掌握在12℃以上为最好。可利用大棚一角暂存浇灌水，以利提温，番茄空心现象即可减少或避免。

（2）蘸花浓度要适中。根据季节变换蘸花药浓度，避免蘸花药浓度过高，造成果实发育速度加快提前成熟，而胎座仍未发育成熟，从而出现空洞果的现象。

（3）加强肥水管理，注意养分均衡。增施有机肥，合理搭配氮、磷、钾肥，避免氮肥施用过量；根据不同的生长时期及土壤墒情确定浇水量与间隔的天数；防止用小苗龄苗子定值，同时摘心不可过早。开花坐果期间要保证充足的肥水，注意氮磷钾配合施用，同时配合高抗重茬土壤处理剂——重茬医生、甲壳素类功能性肥料。浇水应小水勤浇，避免忽干忽湿。

（4）改善温光条件。育苗和结果期温度不宜过高，特别是防治苗期夜温过高。幼苗花芽分化期，第一、第二穗花芽发育阶段，夜温不低于13℃，白天25～30℃，同时注意擦拭棚膜，增加光照，以利于花芽分化。

（5）留果不要贪多。对于已经坐住但发育不良的果实要及时摘除，促使正常的果实快速膨大。注意合理摘叶，尤其是后期，以保留果穗下1～2片为宜，避免过度摘叶，加剧空心果的发生。

## 四、番茄生理性卷叶

【为害与诊断】番茄生理性卷叶多在采收前或者采收期间发生。主要表现为叶片卷曲，

图2-7 番茄生理性卷叶典型症状

轻者仅中部和下部叶片叶缘稍微收拢，往正面卷曲，重者整株叶片卷曲成筒状，叶片略发厚，变脆易折。一般情况无萎蔫、病斑、叶片褪色、畸形和丛生等症状（图2-7）。

【发病条件】整枝和打顶过早或过重，或者植株受伤、根系受损，吸水能力较弱，而使植株缺水；气温高、光照强、空气干燥、土壤干旱引起卷叶；夏季雨后暴晴、高温的午后灌水或施肥不当；果实坐住后或开始采收果实时，营养得不到有效供应，会出现第一果枝叶片卷曲，或全株叶片呈筒状。

【绿色防控】

（1）定植后加强根系的养护。适当冲施促根养根类功能性肥料，增强其根系吸收能力。

（2）加强棚室温度及土壤湿度的调节。夏季高温季节，采用遮阳网覆盖来降低棚室温度，要做到昼盖晚揭，阴天不盖，雨后暴晴天尽快遮盖。勤浇小水，避免土壤过干过湿；宜早晚浇水，避免在中午高温时浇水。

（3）避免缺肥造成叶片卷曲。平衡施肥，采用配方施肥。番茄生长期尤其是坐果后营养要跟上。尽量不要选择劣质的化学肥料，因为不仅营养达不到还有可能伤根。

（4）适时整枝、摘心。摘心和侧枝整形，不宜过早和过重，应根据植株长势来定，保持合理的叶面积。侧芽长度应超过5cm以后方可打掉。

注意：整枝和摘心时动作宜轻，尽量留较小的创面，同时避免造成植株的其他机械损伤。慎重使用植物生长调节剂。

## 五、辣椒脐腐病

【为害与诊断】脐腐病是辣椒种植过程中常见的一种病害，主要为害辣椒的果实。发病初期出初现暗绿色或深灰色水渍状病斑，后扩展为直径可达2～3cm的病斑。随着果实的发育，病部呈灰褐色或白色扁平凹陷状，病部可以扩大到半个果实。病果常提前变红，一般不腐烂。有时湿度过大，即使腐烂也没有臭味（图2-8）。

图2-8 辣椒脐腐病典型症状

【发病条件】土壤钙素含量不足，直接导致脐腐病发生；施用铵态氮或钾肥过多，阻碍辣椒对钙的吸收；干旱条件下，空气干燥，连续高温，供水不足或忽干忽湿，使辣椒根系吸水受阻，导致果实大量失水，果肉坏裂，导致发病。

【绿色防控】

（1）加强水分管理。在栽培时掌握适时灌水，尤其结果后及时均匀浇水，防止高温为害。浇水应在10时之前，16时之后进行，避免高温干旱浇水。

（2）合理施肥。在沙性土壤上应多施腐熟鸡粪，如果土壤出现酸化现象，应施用一定量的石灰，避免一次性大量施用铵态氮肥和钾肥。

（3）叶面补钙。进入结果期后，每7天喷1次0.1%～0.3%的氯化钙+新高脂膜800倍，喷2～3次可避免发生脐腐病。

（4）药剂防治。使用青枯立克100ml对水15kg进行蘸根；定植期、缓苗期及初花期灌根或喷雾，使用2.1%青枯立克50～100ml+80%大蒜油15ml+中草药制剂根基宝50ml对水15kg进行灌根，或使用青枯立克50～100ml+大蒜油15ml（苗期7ml）对水15kg喷雾，分别在定植时、缓苗期灌根1次；苗期喷雾1次；初开花期连喷2次。

小经验：叶面喷施超浓缩液体螯合肥“微补盖力+微补硼力”，硼钙同补，促进辣椒长势好。

## 六、辣椒日烧病

【为害与诊断】辣椒日烧病是辣椒常发生的一种生理病害，一般田地发病率为5%～10%，严重者达到30%。症状只出现在裸露果实的向阳面上，由阳光灼烧果实表皮细胞，引起水分代谢失调所致。发病初期病部褪色。略微皱褶，呈灰白色或微黄色。病部果肉失水变薄，半透明、组织坏死发硬绷紧、易破裂。后期病部为病菌或腐生菌类感染，长出黑色、灰色、粉红色或杂色霉层，病果易腐烂（图2-9）。

图2-9　辣椒日烧病典型症状

【发病条件】密度过稀、植株不够健壮叶片稀少；土壤含水量低、天气酷热干燥；再者，雨后暴晴、低洼积水、土壤黏重、盲目偏施氮肥、病虫为害严重。病毒病发生较重的田块，疫病引起死株较多的地块，日烧病尤为严重。土壤中钙质淋溶损失较大，施氮过多，引起钙质吸收障碍。

【绿色防控】

（1）合理密植和间作。采用南北垄向，大垄双行密植，可使植株相互遮阴，减少阳光下的果实暴露。与玉米、高粱等高秆作物间作，利用高秆作物遮阴，减轻日灼的为害。

（2）合理灌水。结果盛期，应小水勤灌，上午浇水，避免下午浇水。特别是黏性土壤，应防止浇水过多而造成土壤缺氧。

（3）叶面喷肥。着果后可喷施0.1%磷酸钙溶液或1%过磷酸钙溶液或超浓缩液体螯合液肥“植物挑战王”300~500倍+0.1%硝酸钙或叶面喷施辣椒壮蒂灵，每7天左右喷施1次，连喷2～3次。

（4）使用遮阳网。有条件的采用遮阳网覆盖栽培，可有效防止日灼病。

（5）加强防病治虫。及时防治病虫，防止因病虫落叶导致日灼病。

## 七、茄子裂僵果

【为害与诊断】茄子裂僵果在生产中时有发生，既影响茄子的上市时间和果实的品质，也会因为裂果容易受到其他病菌侵染而造成烂果，进而严重影响茄子的产量和效益。

（1）裂果。幼茄、成茄均可发生裂果，以接近成熟的茄子最易产生。裂果茄子果形多不正常，果实各部位均可开裂，裂口大小、深浅不一。但发生最多的是在果蒂下部出现开裂，轻者仅在果蒂下边出现轻微裂口；重者裂口发展可致整个茄果严重纵裂，露出种子。也有在果实底部纵裂，种子外翻裸露（图2-10）。

（2）僵果。茄子僵果，俗称“石茄子”，一般茄子植株长势很旺，果生长速度较慢，且外观细小质地坚硬，海绵组织紧密，皮色无光泽，有花白条纹，口感极差（图2-11）。

图2-10　茄子裂果典型症状

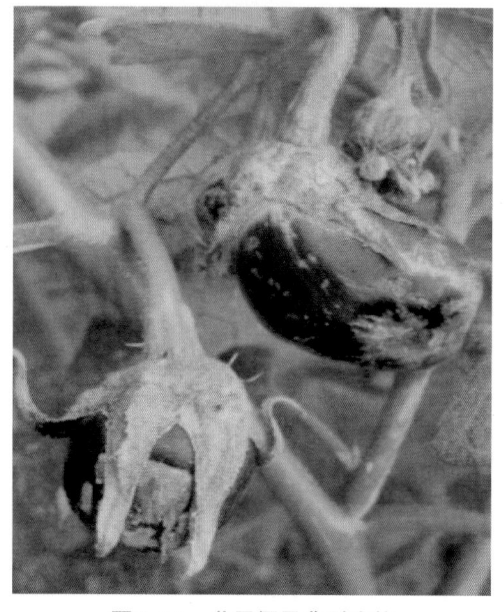

图2-11　茄子僵果典型症状

【发病条件】

（1）裂果。结果后期，白天温度高、空气干燥，而傍晚浇水较多，或果实膨大过程中突然浇水过量，造成果皮生长速度不及果肉快而造成裂果；果与枝叶摩擦，果面受伤而造成裂果；偏施氮肥造成植株对硼和钙的吸收障碍，或缺少硼、钙元素引起裂果；激素处理果实不当，如使用浓度过高，或是在中午高温时使用，或反复使用，都会造成裂果。

（2）僵果。氮肥、磷肥施用过多，对钾、锌、硼等营养元素吸收障碍，会使果实籽多肉少而僵化；开花期温度低于15℃或超过30℃，短花柱花增多，授粉不良，而形成僵果。空气干燥、土壤干旱，或光照不足，植株同化作用降低形成僵果；地温偏低，根系发育和吸收能力受阻，或施用矮壮素或缩节胺浓度过高形成僵果。

【绿色防控】

（1）培育壮苗，保证光照、水分、养分的供应。

（2）注意开花结果期温度调节。白天控制在25～30℃，前半夜18～22℃，后半夜15℃左右。

（3）合理施肥。磷肥主要施在定植时的幼苗根下，后期每次施纯磷2～3kg/亩；结果期主要施入钾肥。在茄子花芽分化期、开花坐果期、膨果期，施用绿色超浓缩高钾专用冲施肥——嘉美赢利来，或高钾高钙套餐肥（水溶肥）——嘉美金法利，2～3次，喷施嘉美植物脑白金1～2次，保花保果，防止形成僵裂果。

（4）适时适量增施有机肥、浇水，使土壤保持适当的含水量，提高土壤的保水保肥能力，使根系充分吸收水分和养分，使果实更加有光泽。

（5）及时摘除老叶及僵裂果，避免与上层果实争夺养分，减少出现僵裂果的概率。

注意：使用激素处理果实时，浓度不能过高，不能反复使用，也不要在中午高温时使用。

## 八、茄子落花落果

【为害与诊断】在茄子生产中，通常落花落果严重，制约着产量的提高，不利于生产效益的提高。落花是指在坐果前，花朵自动脱落，落果则是指坐果后3～5天内果实脱落现象（图2-12）。

图2-12　茄子落花落果

【发病条件】氮肥施用过多，花果营养不全或营养紊乱；缺锌引发叶柄与茎秆、果柄与果实连接处形成离层后脱落；硼肥不足，或昼夜温差小，或土壤干旱，或土壤含水量过大，或日照不足；长时间处于低温状态，下部叶片黄化脱落，幼果萎缩脱落；开花期温度低，或光照不足，湿度高，影响授粉受精而落花；病虫为害导致植株光合能力降低等。

【绿色防控】

（1）施足底肥，追肥坚持少量多次、肥水同施的原则。特别是第一次追肥，最好在第一层果直径3cm大小时，防止施肥过早，导致花果脱落。以后每采一次果，施一次追肥。

（2）喷施磷、钾、硼、锌等全营养元素。叶面宝、植宝素、0.5%尿素+0.5%磷酸二氢钾，或天行健木酢液肥，“蜂蝶传媒”坐果授粉受精，防止落花落果。

（3）棚内白天温度控制在25～28℃，超过30℃应及时通风；夜间温度控制在16～18℃为宜，相对湿度控制在75%左右。

（4）药剂处理。用25%复合型2，4-D稀释液，在开花前后1～2天，用毛笔蘸花、涂花柄，或将花蕾于稀释后的药液中浸2～3s后取出。使用浓度，温度高于15℃时，8～10ml/kg；温度低于15℃时，15ml/kg。在2，4-D药液中同时加入赤霉素更为有效。

（5）及时摘除老枝老叶和四杈之后的分杈，控制田间枝量，以利坐果。

（6）在生产中及时及早防治黄萎病、红蜘蛛、蚜虫等。

小经验：在第一层果坐果后，喷亚硫酸氢钠180mg/kg，可提高坐果率。

## 九、茄子缺素症

【为害与诊断】

（1）茄子缺锰。植株幼叶脉间失绿呈浅黄色斑纹，严重时叶片均呈黄白色，同时植株蔓变短，细弱，花芽常呈黄色（图2–13）。

（2）茄子缺镁。首先在下部老叶上，先是叶尖表现失绿症状，继而叶片中脉附近的叶肉失绿黄化，并逐渐扩大到整个叶片，而叶脉仍保持绿色，以后失绿部分逐渐由绿色转变为黄色或白色。严重时叶脉间出现褐色或紫红色坏死斑（图2–14）。

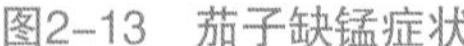
图2–13　茄子缺锰症状

图2–14　茄子缺镁症状

【发病条件】

（1）茄子缺锰。碱性土壤容易缺锰；土壤有机质含量低易缺锰；土壤盐类浓度过高，如施肥量一次性过多，导致土壤盐类浓度过高时，将影响锰的吸收。

（2）茄子缺镁。钙肥施用过多而不施用镁肥，会抑制对镁的吸收；土壤低温，氮、磷肥过量，有机肥少，会造成缺镁症状。砂土地茄子出现缺镁症，多是因为土壤本身缺镁。其他类型的土壤上出现缺镁症，多是施钾肥过多、地温低和缺磷造成的。

【绿色防控】选择疏松肥沃的地块栽培茄子，注意土壤改良，酸、碱性土壤要改良为中性。增施有机肥，科学合理施用化肥，注意氮、磷、钾肥配合施用，避免偏施氮肥。缺锰应急方法：可喷0.2%的硫酸锰水溶液。出现缺镁时，叶面及时喷施0.1%～0.2%的硫酸镁溶液。

## 十、花椰菜先期抽薹

【为害与诊断】早春栽培的花椰菜易出现未结球而直接开花或花球未完全长成（半结球时）就开始抽薹开花的现象（图2–15）。

【发病条件】不同品种间存在较大的差异；同一品种播种期越早，抽薹的几率越大；早春早熟栽培时，定植过早，定之后遇倒春寒；育苗期间遇连续低温天气，易造成幼苗先期抽薹。春椰菜定植后，不注意蹲苗，肥水过勤或过多，使植株生长过旺，不仅延迟结球，也易引起抽薹。

图2-15　花椰菜先期抽薹

【绿色防控】选择冬性较强的品种进行栽培；适期播种，早春早熟栽培的应在温度能够人为控制的棚室内进行育苗，遇低温时期应注意保暖，避免温度过低；控制春花椰菜苗期的肥水用量，使幼苗生长健壮而不过旺。根据天气状况适期定植。大面积种植前，应进行区域试验。定植缓苗后，要注意适当蹲苗。

## 十一、花椰菜散球

【为害与诊断】散球的花椰菜，严重影响了花球的品质，产量也大幅度下降，造成生产效益的降低。花椰菜散球表现为组成花球的肉质花柄伸长、离散，致使花球松散，失去花球形态，甚至丧失商品价值（图2-16）。

图2-16　花椰菜散球

【发病条件】品种选用不当或混杂有退化。散球多是高温、阳光直射造成的。苗期干旱或蹲苗过重、时间过长，也会导致散球。夏季日照强度过大，高温强光，会造成花椰菜散球变黄。

【绿色防控】

（1）选用对低温不太敏感的早熟或中早熟品种，使用纯度高的种子。

（2）适期播种和定植。不可过密，以3 000株/亩左右为好。

（3）科学施肥浇水。施足有机肥，氮、磷、钾肥配合施用，随水冲施少量氮素化肥，适量补充钙、镁、硼等微量元素肥料。适时适量浇水，小水勤浇，有利降温增湿。同时进行遮阴，保护花球。

（4）及时采收。花球适宜采收期较短，应在花球已充分肥大，但尚未散开时采收。

## 十二、白菜类干烧心

【为害与诊断】白菜类干烧心又名“干心病”，俗称“夹皮烂”，是为害大白菜、

甘蓝、花椰菜等十字花科蔬菜的重要病害之一，一般病株率为10%～20%，严重时可高达80%以上，对产量和质量影响很大。

多于莲座期和包心期开始发病。诊断重点在叶片，发病初期叶片边缘组织出现水浸状、淡黄色透明病斑，并向外翻卷。随病情发展，病斑扩大至半张叶片甚至整张叶片。叶脉黄褐色至黑褐色，继而整张叶片干枯成油纸状。受害叶片多在叶球的中部，往往隔几层健壮叶片出现一张病叶，严重影响大白菜的品质。贮藏期病情可继续发展（图2-17至图2-20）。

图2-17　大白菜莲座期“干烧心”症状

图2-18　大白菜包心期“干烧心”症状

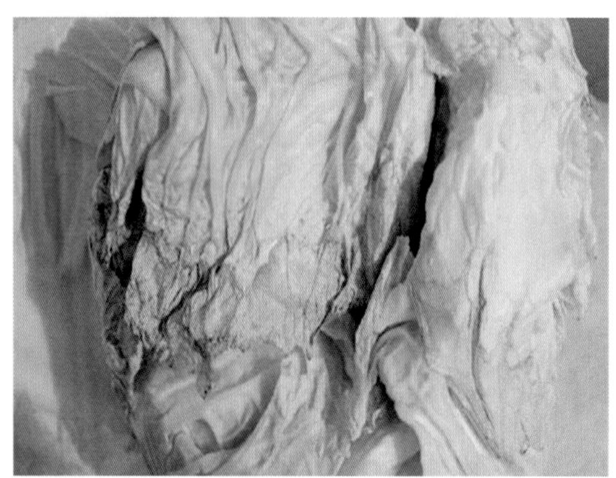

图2-19　大白菜结球期“干烧心”症状

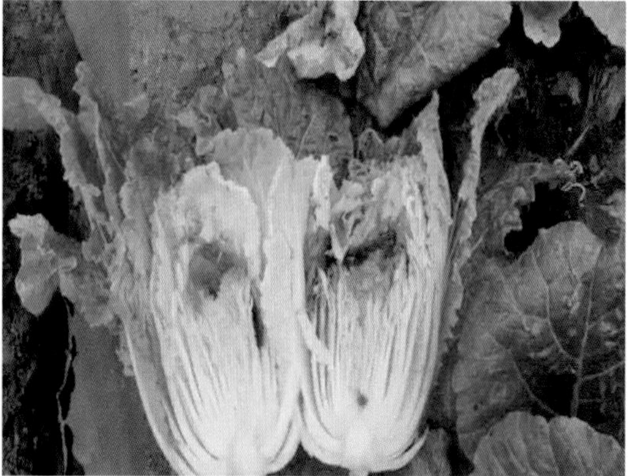

图2-20　大白菜“干烧心”纵切剖面症状

【发病条件】大白菜干烧心是一种生理病害，是由缺素造成的。一种观点认为是土壤中缺少水溶性钙所致。另有研究认为是由于土壤缺少有效锰而引起的。土壤施肥不当，连年大量施用化肥，尤其是偏施氮肥，造成土壤板结，抑制钙的正常吸收，干烧心发生严重。贮藏条件也影响其发病程度，特别是在温度高、通风条件差的情况下病情发展很快。

【绿色防控】

（1）选用抗（耐）病品种。青帮型的品种比白帮型品种抗病性强。例如，北京的青庆、塘沽大核桃纹、天津的新河中核桃纹、中白4号、津绿55、大连的青杂中丰等品种发病轻。

（2）选择适宜的园田。通常应选择土壤肥沃、含盐量低的园田，具体要求为：菜田土壤有机质含量应在3%以上，全盐含量在0.2%以下，氯化钠含量低于0.05%。

（3）科学管水。播种前应浇透水，苗期提倡小水勤浇，莲座期依天气、墒情和植株长势适度蹲苗，天气干旱也可不蹲苗。蹲苗后应浇足1次透水，包心期保持土壤湿润。灌水后及时中耕，防止土壤板结、盐碱上升。避免用污水和咸水浇田。

（4）合理施肥。对长期使用氨态氮的土壤，要增施农家肥料，深耕施足基肥，提高保水保肥能力，改善土壤结构。根据土壤肥力控制氮素化肥用量，一般以240～260kg/亩为宜；同时要增施磷钾肥。

（5）补施钙素。酸性土壤可适当增施石灰，调节酸碱度成中性，以利于根系对钙的吸收。在大白菜莲座末期，可向心叶撒施颗粒肥或次钙粒肥，每株3～4g。也可从莲座中期开始对心叶喷施0.7%氯化钙+萘乙酸50mg/kg混合液，每7～10天1次，连续喷洒4～5次，即具有一定的防治干烧心病的效果。

（6）补充锰肥。在莲座期用0.1%的硫酸锰溶液30kg/亩叶面喷施，每隔7天喷1次，连喷2～3次，也可与钙素肥混合喷施。

## 十三、马铃薯黑心病

【为害与诊断】在块茎中心部分，薯肉形成黑至蓝黑色的不规则花纹，由点到块发展成黑心。随着发展严重，可使整个薯块变色，变色部分形不规则，黑心受害处边缘界限明显。后期黑心组织渐变硬化。在室温情况下，黑心部位可以变软和变成墨黑色（图2-21）。

图2-21　马铃薯黑心病纵切剖面

【发病条件】马铃薯黑心病属生理性病害，由于块茎内部组织供氧不足或二氧化碳中毒引致呼吸窒息所造成。过高、过低的极端温度，均会加重黑心病情，故贮藏马铃薯不能堆积过高，避免贮温过高（超过21℃）或过低（近0℃）下贮藏太长时间。马铃薯栽培土壤板结，不透气都会由于内部供氧不足而发生此病。薯块在田间发病出现黑心是由

马铃薯黑胫病细菌侵染引起的。

【绿色防控】

（1）调节贮藏温度。注意控制贮窖温度相对温凉条件，避免0℃左右的低温和36℃以上的高温，减缓病害发展。

（2）控制通风条件。封闭性贮藏或地下窖贮，均应设立通风透气条件，减少缺氧情况。有条件时，安装供氧换气装置，供以充足氧气。

（3）装袋时要避免采用不透气的塑料袋，并避免强光长时间照射。

（4）选择透气、疏松的土壤，以保证生长发育过程中块茎氧气的供应。

提个醒：生理性黑心薯块，也不宜作种，因会引起腐烂而不出苗。

## 十四、药　害

药害是指农药或激素使用不当而引起的植株各种病态反应，包括组织损伤、生长受阻、植株变态、减产等一系列非正常生理变化。药害一般分为急性、慢性两种。急性表现为喷药后几小时至3～4天出现明显症状，发展迅速。慢性是指在喷药后较长时间才引起明显反应，恢复时间比急性药害所需时间长，其为害性往往比急性药害大。

【为害与诊断】

（1）斑点、干边。主要发生在叶片上，常见的有褐斑、黄斑、枯斑、网斑、叶缘焦枯等。药斑与生理性病斑不同，药斑在植株上分布没有规律性，整个地块发生有轻有重。而与侵染性病害引发的病斑相比，药害引发的斑点大小、形状变化大，不受叶脉限制，没有发病中心（图2-22、图2-23）。

（2）黄化。发生在植株茎叶部位，以叶片黄化发生较多。引起黄化的主要原因是农药的使用阻碍了叶绿素的正常形成，药害引起的叶片发黄常由黄叶变成枯叶（图2-24）。

（3）畸形。由药害引起的畸形可发生于茎叶和根部，常见的有卷叶、丛生、肿根、畸形果等。药害引起的畸形与病毒病引起的畸形不同，前者发生较为普遍，植株上表现为局部症状，后者往往表现为系统性症状，常伴有花叶、皱叶等症状（图2-25）。

（4）蕨叶。由药害造成的蕨叶，一般可造成叶片深绿发暗、茸毛发白，叶片厚而硬。植株间蕨叶发生程度差异不明显，没有发病中心，通常是激素使用过量或激素积累造成（图2-26）。

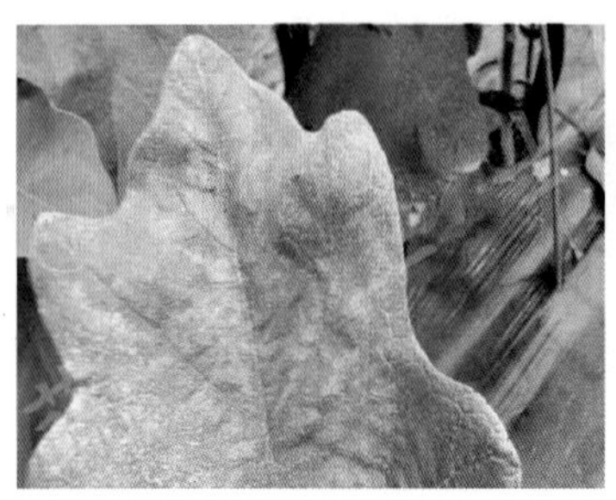

图2-22　茄子药害形成坏死斑

图2-23　黄瓜叶片甲胺磷药害引起的干边

图2-24　辣椒药害引起叶片褪绿黄化

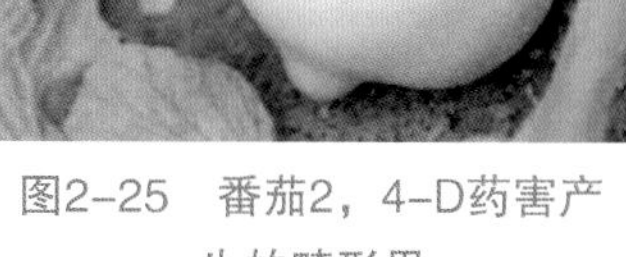

图2-25　番茄2，4-D药害产生的畸形果

图2-26　二甲四氯药害在番茄上产生的蕨叶

（5）根系受损。药害引起的根系受损，整株都有症状，生长缓慢，常造成死棵，但输导组织无褐变，没有发病中心，一般是冲施药剂浓度过大造成。

【发病条件】药剂使用浓度或施用量过大，药剂使用次数过多或重复喷药，前、后两次施药的间隔时间短；不同理化性质的药物之间的混配以及与助剂的配合使用不合理；施药时温度过高或过低时，或阴天施药或炎热的中午进行施药；蔬菜敏感的生育时期施药，或施用了对蔬菜敏感的药剂；使用劣质、不合格农药。

【绿色防控】

（1）科学合理的选择和使用农药。

（2）掌握好施药时间，中午高温或田间温度较低时，尽量不施用药剂。露地蔬菜一般以下午施药为宜，有利于发挥药效，防治效果比较好。日光温室蔬菜，一般选择在11时之前进行。

【补救措施】

（1）喷水洗药。若是叶片和植株喷洒药液引起的药害，且发现得早，药液未完全渗透时，迅速用大量清水喷洒受害植株，反复喷洒3～4次洗药。

（2）及时通风。对有害气体积累以及使用烟雾形成的药害，要及时通风，保证空气流通。

（3）追肥促苗。如叶面已产生药斑、叶缘焦枯或植株焦化等症状的药害，可随水冲施速效肥料及复合甲壳素有机水溶肥料，促进植株快速恢复生长。

（4）喷施叶面肥。由于根系受损，植株吸收营养的能力降低，可及时喷洒磷酸二氢钾或氨基酸叶面肥，补充叶面营养，加速植株恢复生长。

（5）灌水排毒。对土壤施药过量和除草剂引起的药害，可适当灌排水或灌水洗药降毒。

（6）解毒法。用性质相反药物中和过量的农药。如多效唑过量的药害，喷施赤霉素，促进生长。一般情况下，可通过使用复合甲壳素、芸薹素、海藻素等进行叶面喷施，来缓解药害。

（7）摘除受害处。及时摘除受害的果实、枝条、叶片，防止植株体内药剂继续传导和渗透。

# 第三章　蔬菜虫害诊断与绿色防控

## 一、菜青虫

菜青虫，成虫又叫菜粉蝶，经常大面积成灾，主要嗜食十字花科植物，特别偏食厚叶片的甘蓝、花椰菜、白菜、萝卜等。

【为害与诊断】幼虫咬食寄主叶片，2龄前仅啃食叶肉，留下一层透明表皮，3龄后蚕食叶片孔洞或缺刻，严重时叶片全部被吃光，只残留粗叶脉和叶柄，造成绝产，易引起白菜软腐病的流行。苗期受害严重时，整株死亡。幼虫还可以钻入叶内为害，影响包心。在叶球内暴食菜心，排出的粪便污染菜心，使蔬菜品质变差并引起腐烂，降低蔬菜的产量和品质。一年中以春秋两季为害最重（图3-1至图3-6）。

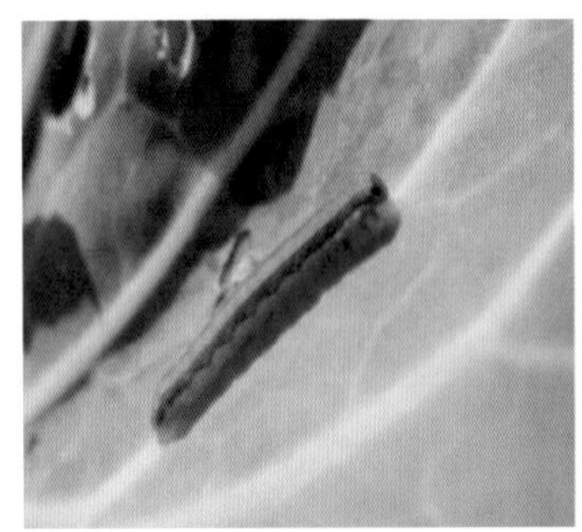
图3-1　菜青虫幼虫

图3-2　菜青虫成虫菜粉蝶

图3-3　成虫菜粉蝶产在叶面的卵

图3-4　菜青虫咬食后的甘蓝

图3-5　菜青虫咬食后的花椰菜

图3-6　被菜青虫咬食后的白菜

【生活习性】成虫白天活动，以晴天中午活动最盛，寿命2～5周。产卵对十字花科蔬菜有很强趋性，尤以厚叶类的甘蓝和花椰菜着卵量大，夏季多产于叶片背面，冬季

多产在叶片正面。卵散产，幼虫行动迟缓，不活泼，老熟后多爬至高燥不易浸水处化蛹，非越冬代则常在植株底部叶片背面或叶柄化蛹，并吐丝将蛹体缠结于附着物上。最适温度20～25℃，湿度76%左右。卵期4～8天；幼虫期11～22天；蛹期约10天（越冬蛹除外）；成虫期约5天。第1代幼虫于5月出现，5—6月是虫害最严重的时候2～3代幼虫7—8月出现此后气温过高虫害减少，8月后气温下降有利于虫害发育，8—10月幼虫为害盛期。

【绿色防控】

（1）农业防治。采用防虫网。清洁田园，十字花科蔬菜收获后，及时清除田间残株老叶，减少菜青虫繁殖场所和消灭部分蛹。发现幼虫和蛹可人工用手捕捉。发现成虫用网捕捉。也可利用成虫的趋光性，在田间每35～45m设置一盏频振式杀虫灯诱杀害虫。

（2）生物防治。注意保护菜青虫的天敌昆虫，如保护凤蝶金小峰、澳洲赤眼蜂等。用100亿活芽孢/g苏云金杆菌可湿性剂，每亩用100～300g对水50～60kg喷雾；或用100亿活芽孢/g青虫菌粉剂1 000倍液喷雾。于害虫初现期开始喷雾，7～10天喷1次，可连续喷2～3次。以上生物农药可兼杀蔬菜上其他蝶蛾类害虫。

（3）药剂防治。施药应在幼虫2龄之前，可选用2.5%多杀酶素（菜喜）悬浮剂1 000～1 500倍液等。对于田间卵量较高的菜地，选5%氟虫腈（锐劲特）悬浮剂1 500倍液或15%茚虫威悬浮剂3 000倍液、1.8%阿维菌素乳油40 000倍液、20%抑食肼可湿性粉剂1 000倍液、10%氯氰菊酯乳油2 000倍液、25%毒死蜱—氯氰菊酯乳油2 000倍液、2.5%多杀菌素悬浮剂1 500倍液、1% 阿维菌素乳油2 000～3 000倍液。田间用药防治时要用足药液量，均匀喷雾蔬菜叶片的正反面，并合理交替轮用不同作用机理的药剂品种。

提个醒：据菜青虫习性，早上或傍晚在植株叶片上喷药，可有效防治菜青虫的为害。

## 二、蚜　虫

蚜虫，又名腻虫、密虫、油旱、蚁虫等，包括麦长管蚜、麦二岔蚜、棉蚜、桃蚜及萝卜蚜等重要害虫。蚜虫是繁殖最快、破坏力较大的害虫。

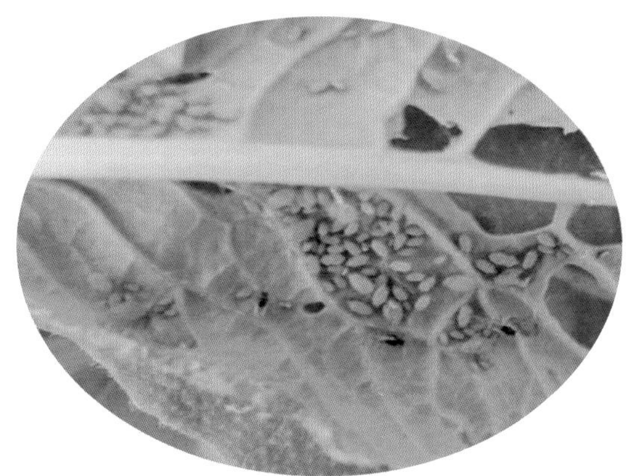

图3-7　成片的蚜虫聚集在青白菜叶背

【为害与诊断】蚜虫以成蚜或若蚜群集于植物叶背面、嫩茎、生长点和花上，用针状刺吸口器吸食植株的汁液，幼苗受害后，叶片向背面卷曲皱缩，心叶生长受阻，严重时植株停止生长，甚至全株萎蔫枯死。最重要的是它可以传播病毒病，这是最大的为害。同时蚜虫为害时排出大量水分和蜜露，滴落在下部叶片上，引起霉菌病发生，使叶片生理机能受到障碍，减少干物质的积累（图3-7至图3-10）。

图3-8　成片的蚜虫聚集在玉米叶上

图3-9　蚜虫咬食甘蓝出现油腻状

图3-10　莴笋叶片聚集的成片蚜虫

【生活习性】多发于每年的4—9月。因干旱会滋生大量的蚜虫，当5天的平均气温上升到12℃以上时，便开始繁殖。气温为16～22℃时最适宜蚜虫繁殖，干旱或植株密度过大有利于蚜虫为害。一年发生多代，随各地区生长期长短而异。北方可达10代至20代，南方可达40代。北方蚜虫的繁殖方法为无性与有性的世代交替，从春至秋都是为无性生殖，也即孤雌生殖，到晚秋才发生雌雄两性，交配后在菜株上或桃李树上产卵越冬，也有以成虫或若虫随着白菜在窖内越冬的。南方冬季温暖地区，每代都系无性繁殖，这种虫，因为繁殖力强，发育又快，一头雌蚜可产生若虫数十头，以至百余头，若虫五六天即可成熟，产生后代。同时，发生的快慢也与气候条件有关，春秋两季，繁殖最速，夏季高温多雨，受雨水、天敌的干扰，繁殖数量较少。它除直接为害外，还可传染病毒。

【绿色防控】

（1）农业防治。利用蚜虫的趋光性使用黑光灯每隔30～40m悬挂一个。深耕翻耕减少虫害。在作物上面10～20cm挂粘板。100g小瓶装的捕虫胶可涂25cm×15cm虫板涂（双面）70～80片。取虫胶2.5g左右，均匀地摊撒在虫板上，然后用双手将两块虫板合在一起，再慢慢分开，粘和几下虫胶就粘匀了。旧虫板可多次涂刷，反复使用。

小经验：用1∶15的比例，配制烟叶水泡制4h后喷洒，效果好。

（2）生物防治。注意保护蚜虫的天敌。如七星瓢虫、十三星瓢虫、大绿食蚜蝇等。可用生物药剂3%除虫菊素微囊悬浮剂45ml/亩喷雾防治。

（3）药剂防治。消灭蚜虫在初发阶段，可选用40%乐果乳油0.5kg加水500～1 000kg喷雾或70%灭蚜松可湿性粉剂0.5kg加水500～1 000kg喷雾或100倍液拌种或50%二溴磷乳油0.5kg加水500～1 000kg喷雾或稀啶吡蚜酮2 000～4 000倍稀释液或50%吡蚜酮2 000～3 000倍液交换使用。

注意：在晴天无风傍晚时喷施，喷施药物时注意多喷施叶片背面。

## 三、斑潜蝇

斑潜蝇，又名鬼画符，1993年由巴西传入我国，目前全国各地均有发生，主要为害作物黄瓜、番茄、茄子、辣椒、豇豆、蚕豆、大豆、菜豆、西瓜、冬瓜、丝瓜等作物。

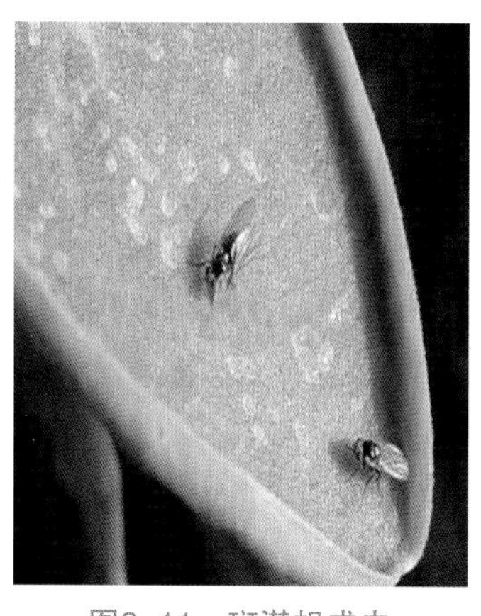
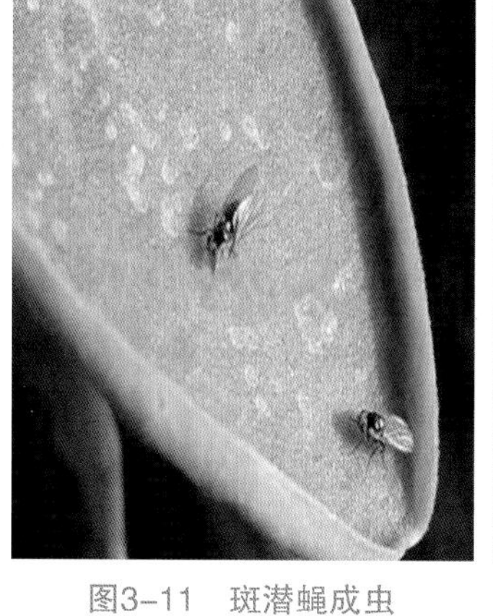

图3-11　斑潜蝇成虫

图3-12　斑潜蝇虫卵

图3-13　斑潜蝇幼虫

图3-14　豇豆叶片出现的蛇形白色虫道

图3-15　斑潜蝇咬食后的豇豆叶面

图3-16　斑潜蝇取食后的黄瓜叶片

【为害与诊断】成虫、幼虫都为害。雌成虫飞翔中把植物叶片刺伤，进行取食并产卵，叶片上布满不透明斑点。幼虫潜入叶片和叶柄为害，产生不规则蛇形白色虫道，叶绿素被破坏，影响光合作用，受害植株叶片脱落，造成花芽、果实被灼伤，严重的造成苗毁（图3-11至图3-16）。

【生活习性】斑潜蝇生长发育适宜温度为20～30℃，温度低于13℃或高于35℃时其生长发育受到抑制。雌虫把卵产在部分伤孔表皮下，卵经2～5天孵化，幼虫期4～7天，末龄幼虫咬破叶表皮在叶外或土表下化蛹，蛹经7～14天羽化为成虫，每世代夏季2～4周，冬季6～8周。

【绿色防控】

（1）农业防治。强化检疫监管，控制传播蔓延严格检疫，防止该虫扩大蔓延。将斑潜蝇喜食的瓜类、豆类与其不为害的蔬菜进行轮作，或与苦瓜、芫荽等有异味的蔬菜间作；适当稀植，增加田间通透性；及时清洁田园，把被斑潜蝇为害的作物残体集中深埋、沤肥或烧毁。深耕20cm和适时灌水浸泡能消灭蝇蛹。根据斑潜蝇具有趋黄的习性，采用黄板诱杀斑潜蝇成虫。在菜园和大棚、温室等设施内，张挂两面涂有黄色油漆的废弃纤维板或硬纸板（1m×0.2m），每隔5～7天涂一层黏油连续若干次。每亩挂25～35块，置于行间，可与植株高度相同。

（2）药剂防治。要选择在成虫高峰期至卵孵化盛期或初龄幼虫高峰期用药，优先选用无污染或污染少的农药，如抗菌素农药1.8%阿维菌素（爱福丁）或1.8%阿维菌素（虫螨克）乳油2 000～3 000倍液、植物性农药6%绿浪水剂1 000倍液喷雾。也可用30%灭蝇胺2 000～3 000稀释液20%斑潜净2 000～3 000稀释液喷施或48%毒死蜱（乐斯本）乳油1 000倍液或10%氯氰菊酯2 000～3 000倍液喷雾等药剂。

提个醒：要注意轮换使用各种药剂避免产生抗体注意喷洒叶片上部。

## 四、实　蝇

实蝇，双翅目实蝇科昆虫的通称，其幼虫以瓜果类作物为食。蔬菜为害较多的有南瓜实蝇，胡瓜实蝇，瓜实蝇和枸杞实蝇等。主要为害丝瓜、冬瓜、黄瓜、苦瓜、西瓜、南瓜等瓜类作物。

图3-17　实蝇成虫

图3-18　实蝇幼虫

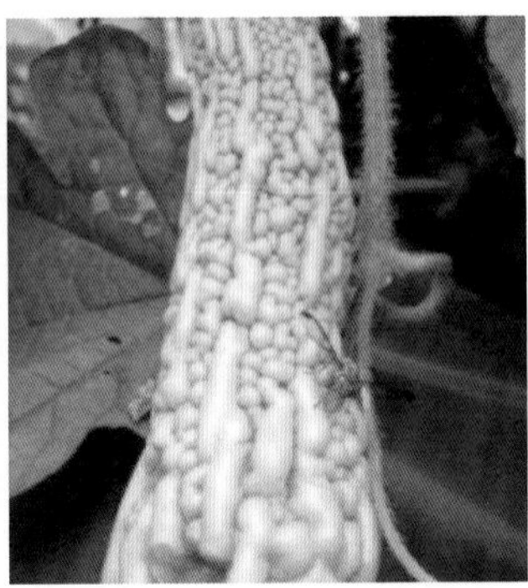
图3-19　实蝇正在咬食苦瓜

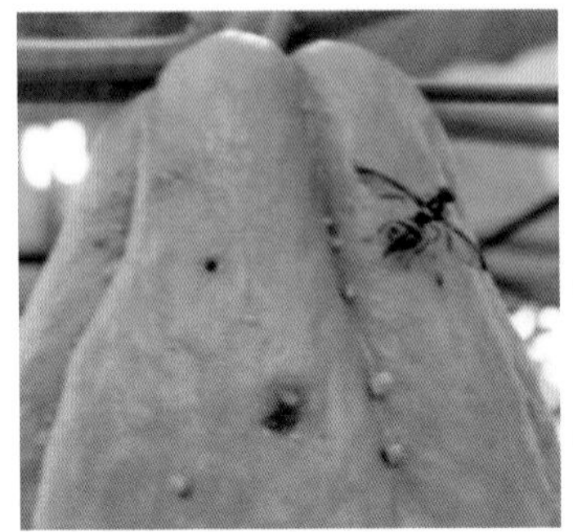
图3-20　实蝇咬食佛手瓜

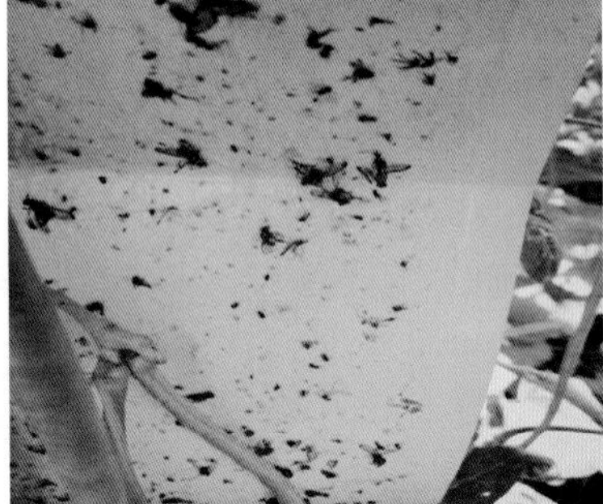
图3-21　粘板诱杀的实蝇

图3-22　实蝇咬食后的丝瓜有明显流胶

【为害与诊断】实蝇以成虫产卵器刺入幼瓜表皮内产卵，幼虫孵化后即转入瓜内继续咬食果肉。受害瓜局部变黄，而后全瓜腐烂变臭，大量落瓜。受害瓜刺伤处凝结流胶，畸形下陷，果实硬实，瓜味苦涩（图3-17至图3-22）。

【生活习性】实蝇一年可发生8代，世代重叠，以成虫在杂草等处越冬。每年4月开始活动，发生程度较低。5月开始到8月实蝇处于持续为害高峰期，为害率达到90%以上甚至无收。成虫白天活动，夏天中午高温烈日时，蛰伏于瓜棚或叶背，成虫对糖、酒等芳香物质有趋性。雌虫产卵于嫩瓜内，幼虫孵化后即在瓜内取食，将瓜蛀食成蜂窝状，以至瓜腐烂、脱落。老熟幼虫在瓜落前或瓜落后弹跳落地，钻入表土层化蛹。卵期5～8

天，幼虫期4～15天，蛹期7～10天，成虫寿命25天。

【绿色防控】

（1）农业防治。覆盖地膜，防止成虫钻入表土层化蛹。及时摘除被害瓜，将其深埋处理。也可采取结果后套袋隔绝。亦可采取挂实蝇粘板每隔1～2m悬挂一张可粘着实蝇，无药害。需要长期更换如遇下雨粘板效果减半。采用实蝇捕捉器加引诱剂一只每隔8m悬挂一个，每两个月需要补加一次引诱剂。

小经验：定时打叶剪枝可以减少虫害。

（2）药剂防治。在成虫盛发期，选择午后傍晚喷洒2.5%溴氰菊酯乳油3 000倍液或21%增效氰·马乳油6 000倍液。或利用成虫具趋化性，喜食甜质花蜜的习性来诱杀，用香蕉皮、南瓜或甘薯等物与90%敌百虫晶体、香精油按400：5：1比例调成糊状毒饵，直接涂于瓜棚竹篱上或盛挂容器内诱杀成虫（20个点/亩，25g/点）。或用3%高氯·甲维盐2 000～4 000倍稀释液喷施，5%丁硫克百威2 000～3 000倍稀释液40%辛硫磷2 000～4 000倍等药剂。

提个醒：喷施药物应在傍晚效果比较好，每隔7天需要重复喷施1次。注意药剂交换使用避免产生抗体。

## 五、蜗　牛

蜗牛是常见的为害农作物的陆生软体动物之一，俗名水牛。全国各地普遍发生，南方及沿海潮湿地区较重。蜗牛的采食范围较广，主要为害豆科、十字花科和茄科蔬菜。

图3-23　成虫蜗牛

【为害与诊断】蜗牛主要以植物为食，特别喜欢吃作物的细芽和嫩叶，特别是野生的蜗牛对农作物为害大。蜗牛以齿舌刮食叶、茎，造成孔洞或缺刻，甚至咬断幼苗，造成缺苗。蜗牛喜欢钻入疏松的腐殖土中栖息、产卵、调节体内湿度和吸取部分养料（图3-23至图3-27）。

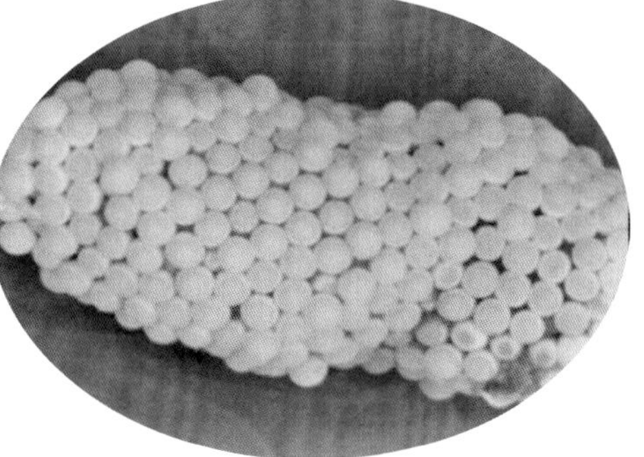

图3-24　蜗牛虫卵

【生活习性】蜗牛为雌雄同体，异体受精，也可自体受精繁殖。以成、幼贝生活在菜田、绿肥田、灌木丛及作物根部、多腐殖质的环境，适应性强。一生可产卵多次，每头成贝可产卵80～235粒，4—5月及9—10月为产卵盛期。卵粒成堆，多产于潮湿疏松的土里或枯叶下，卵期14～31天，土壤干燥或卵暴露于地表则不能孵化。喜阴湿，雨天昼夜活动取食，在干旱情况下昼伏夜出活动，爬行处留下黏液痕迹。

图3-25　蜗牛爬行留下粘液痕迹

图3-26　蜗牛正在咬食南瓜叶片

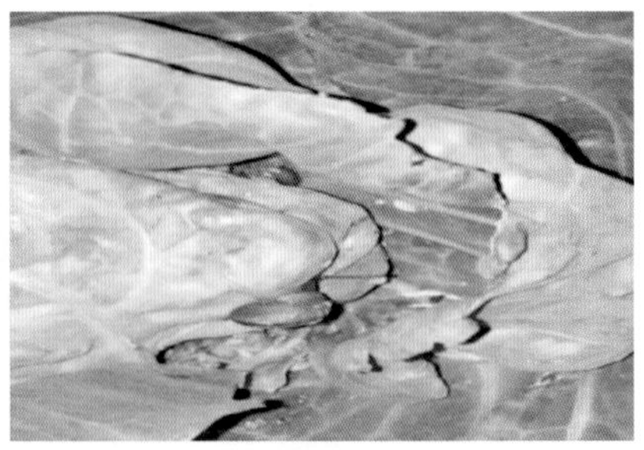
图3-27　成虫蜗牛正在取食甘蓝

【绿色防控】

（1）农业防治。清洁田园，翻土后彻底清除田内外杂草、杂物及作物残体，破坏蜗牛栖息生活场所。田块周围撒生石灰或草木灰，阻止蜗牛进入田内。在干燥田梗上撒石灰带，蜗牛粘上石灰会因失水而死亡。人工捕捉。清晨6时前、傍晚和阴雨天，趁蜗牛在植株上活动时捡拾。利用树叶、杂草、菜叶晚上堆成诱集堆，引诱蜗牛，白天集中捕捉。

（2）药剂防治。每亩选用6%四聚乙醛颗粒剂400～800g或2%四聚乙醛（灭旱螺）饵剂300～600g，拌潮湿细沙5～10kg，均匀条施于植株行间或间隔1.5m撒一点于畦面，每点撒成直径约10cm的圆面，使该剂分散均匀。或用80%四聚乙醛2 000～4 000倍稀释液喷施叶面。

小经验：在晴天傍晚时分撒药物在水渠边沟壑里有很好的除虫效果。

## 六、跳　甲

跳甲，俗称“土崩子”“跳搔”。主要为害蔬菜的有黄曲条跳甲、黄狭条跳甲、黄宽条跳甲和黄直条跳甲，其中以黄曲条跳甲分布最广，为世界性的害虫，为害最严重，主要为害十字花科蔬菜为主，亦为害茄果类、瓜类、豆类蔬菜。春秋两季发生严重。次要为害作物有白菜、青菜、油菜、飘儿白等。

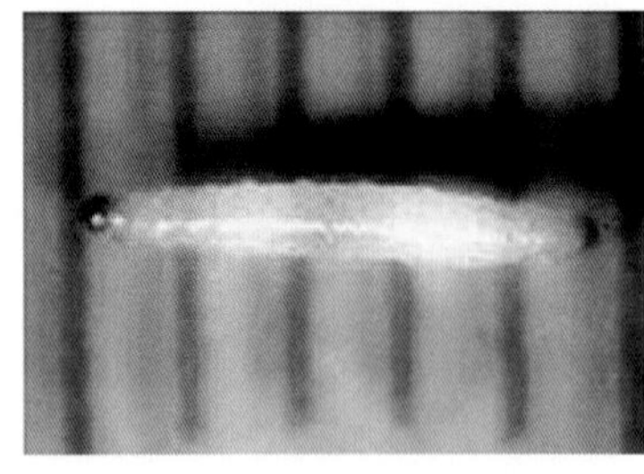
图3-28　跳甲幼虫

图3-29　跳甲成虫

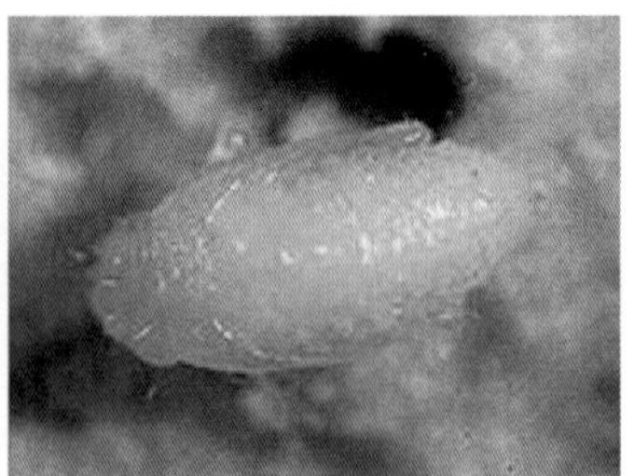
图3-30　跳甲蛹

【为害与诊断】成虫和幼虫均能为害。成虫咬食叶片，造成许多小孔。尤喜幼嫩的部分，常致使幼苗停止生长，甚至整株死亡。种株的花蕾和嫩荚也可受害。幼虫为害根部，将菜根表皮蛀成许多弯曲的虫道，咬断须根，使地上部分叶片发黄萎蔫而死。此外，成虫和幼虫造成的伤口，易传播软腐病（图3-28至图3-32）。

【生活习性】跳甲均以成虫在残株落叶、杂草及土缝中越冬。成虫善跳跃，高温时能飞翔，有趋光性。白天中午活动最盛，夜间隐蔽。耐高温，10℃以上开始取食，32～34℃时食量最大，34℃以上食量大减。抗低温能力较强，能耐-10℃的低温。成虫寿命较长，1年左右。产卵期可连续1～1.5个月，卵散产在植株周围湿润的土缝中或细根上，也可在近土表的茎部咬一小洞，产卵在其中。每一雌虫平均产卵200粒左右。卵期需要较高的湿度，相对湿度不到100%时，很多卵不能孵化。干燥可引起孵化率降低或卵期延长。卵期3～9天，幼虫期11～16天，共3龄。幼虫和蛹的发育起点温度是11℃，幼虫发育最适温度是24～28℃。

图3-31　正在白菜叶上取食的跳甲

图3-32　白菜叶背上取食的跳甲

【绿色防控】

（1）农业防治。避免连作，尽量避免十字花科蔬菜连作，中断害虫的食物供给时间，可减轻为害。清洁田园收获后清除田间残株、落叶及杂草，集中烧毁，或深埋，消灭越冬或越夏的害虫，减少田间虫源。并播种前深耕晒土，可改变幼虫在地里的环境条件，不利其发生，并有灭蛹的作用。合防治其他害虫，使用黑光灯或者频振式杀虫灯诱杀成虫；在距地面25～30cm处放置黄色或者白色粘虫板，30～40块/亩，也可以较好地降低成虫数量。

（2）药剂防治。土壤处理杀死土壤中条跳甲的幼虫和蛹，可选用300g1L氯虫·噻虫嗪悬浮剂灌根；种子包衣处理能够保护幼苗不受条跳甲幼虫为害，可选70%噻虫嗪种子处理可分散粉剂；叶面喷雾杀灭成虫，可选15%哒螨灵微乳剂2 000～3 000倍稀释液等药剂喷施。

小提醒：注意药物交换使用避免产生抗体。

小经验：在喷施药物的前一天灌溉1次，减少土壤空隙，把跳甲驱除土壤空隙。在晴天无风的傍晚时分喷施药物。

## 七、黄守瓜

黄守瓜，属叶甲科守瓜属的一种昆虫。别称：黄足黄守瓜、黄萤、黄虫等。主要为害有西瓜、南瓜、丝瓜、甜瓜、黄瓜等瓜类作物，也可为害十字花科、茄科、豆科等蔬菜。

【为害与诊断】黄守瓜成虫、幼虫都能为害。成虫喜食瓜叶和花瓣，还可为害南瓜幼苗皮层，咬断嫩茎和食害幼果。叶片被食后形成圆形缺刻，影响光合作用，瓜苗被害后，常带来毁灭性灾害；幼虫在地下专食瓜类根部，使植株萎蔫而死，也蛀入瓜的贴地部分，引起腐烂，丧失其价值（图3-33至图3-36）。

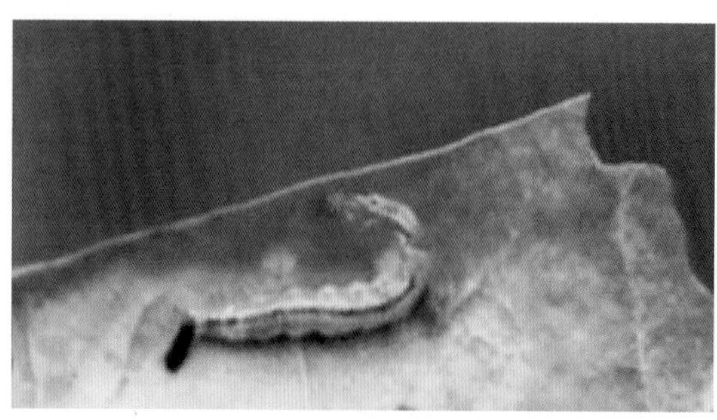

图3-33　黄守瓜幼虫

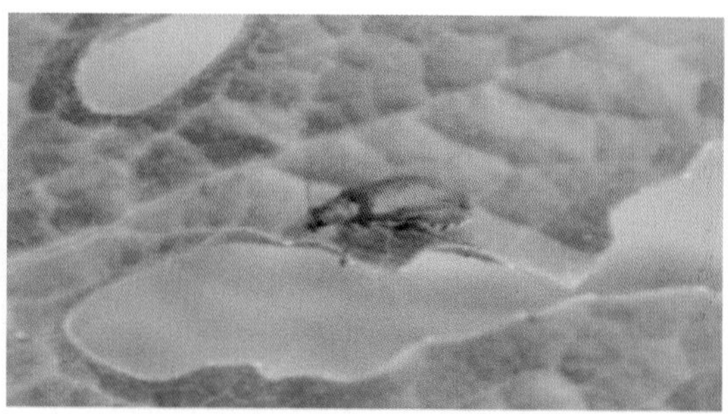

图3-34　黄守瓜成虫

图3-35　黄守瓜咬食黄瓜叶面背部

图3-36　黄守瓜为害后的黄瓜叶

【生活习性】黄守瓜以成虫在地面杂草丛中群集越冬。春季温度达到6℃时开始活动，10℃左右全部出动。一般10时至15时活动最为激烈。自5月中旬至8月皆可产卵，以6月最盛，每此可产卵4～7次，每次平均约30粒，产于潮湿的表土内。黄守瓜喜温湿，湿度愈高产卵愈多，每在降雨之后即大量产卵，相对湿度在75%以下卵不能孵化，卵发育历期10～14天，孵化出的幼虫即可为害细根，3龄以后食害主根，致使作物整株枯死。幼虫发育历期19～38天。前蛹期约4天，蛹期12～22天。成虫于7月下旬至8月下旬羽化，再为害瓜叶、花或其他作物。

【绿色防控】

（1）农业防治。改造产卵环境植株长至4～6片叶以前，可在植株周围撒施石灰粉、草木灰等不利于产卵的物质或撒入锯面、谷糠等物，引诱成虫在远离幼根处产卵，以减轻幼根受害。消灭越冬虫源对低地周围的秋冬寄主和场所，在冬季要认真进行铲除杂草、清理落叶，铲平土缝等工作，使瓜地免受着暖后迁来的害虫为害。捕捉成虫清晨成虫活动力较差，借此机会进行人工捉拿，也可取得较好的效果。

（2）药剂防治。防治成虫可用40%氰戊菊酯8 000倍液或21%增效氰·马乳油8 000倍液。防治幼虫，可用90%敌百虫1 500～2 000倍液或50%辛硫磷1 000～1 500倍液灌根。氯氰菊酯1 500～2 000倍稀释液或10%高效氯氰菊酯4 500倍稀释液或80%敌敌畏乳油1 000～2 000倍稀释液或90%晶体敌百虫1 500～2 000倍稀释液等。

小提醒：瓜类作物对许多药剂敏感，易发生药害，尤其苗期抗药力弱，用药应十分慎重。

## 八、烟青虫

烟青虫，别称烟夜蛾、烟实夜蛾。主要为害作物辣椒、豇豆、四季豆、烟草等作物.

【为害与诊断】以幼虫蛀食花、果为害，为蛀果类害虫，整个幼虫钻入果内，啃食果皮、胎座，并在果内缀丝，排留大量粪便，使果实不能食用。果实被蛀引起腐烂而大量落果，造成减产（图3-37至图3-40）。

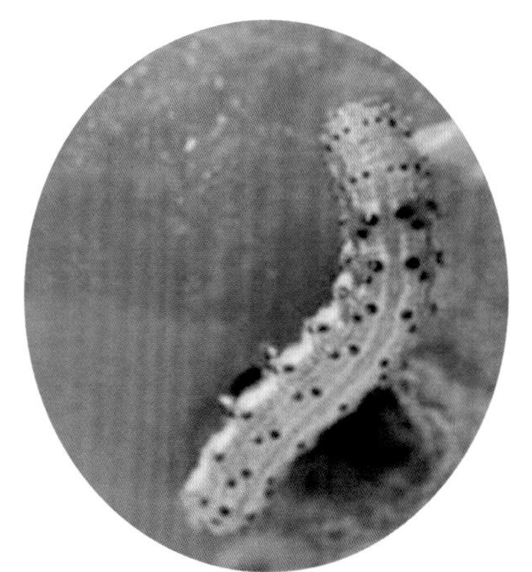

图3-37　烟青虫幼虫

图3-38　烟青虫成虫

图3-39　被烟青虫为害后的番茄腐烂

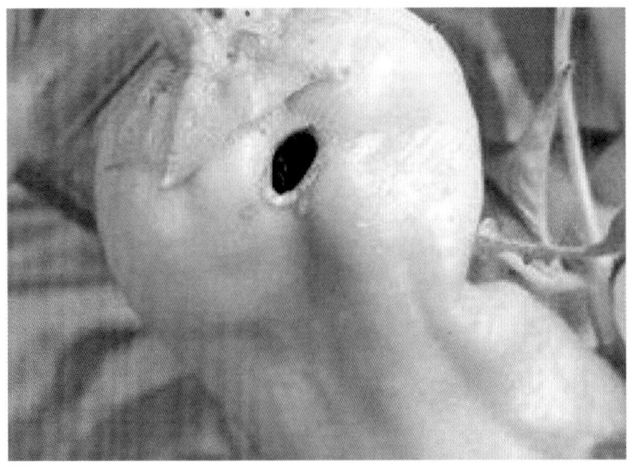

图3-40　烟青虫为害辣椒的蛀果孔

【生活习性】主要分布在我国北方地区，一年2代，以蛹在土中越冬。成虫卵散产，前期多产在寄主植物上中部叶片背面的叶脉处，后期产在萼片和果上。成虫可在番茄上产卵，但存活幼虫极少。幼虫昼间潜伏，夜间活动为害。发育期：卵3～4天，幼虫11～25天，蛹10～17天，成虫5～7天成虫昼伏夜出。成虫对萎蔫的杨树枝有较强的趋性，对糖蜜亦有趋性，趋光性则弱。幼虫有假死性，可转果为害。天敌有赤眼蜂、姬蜂、绒茧蜂、草蛉、瓢虫及蜘蛛等。

【绿色防控】

（1）农业防治。避免连作，可对休闲地冬灌冬凌，杀灭越冬幼虫和蛹。翻耕、整枝、摘除虫果，早、中、晚熟品种搭配开种植，田内种植玉米诱集带，诱蛾产卵。性诱

剂诱杀，黑光灯或汞灯诱蛾，诱杀成虫。糖醋液或性诱剂诱杀成虫，减少田间落卵量。糖醋液配比为，糖：醋：酒：水=3：4：1：2。

（2）药剂防治。关键是抓住孵化盛期至2龄盛朗，即幼虫尚未蛀入果内的时期施药，可选用26%甲硫威（灭虫威）乳油，20%氯氰乳油2 000～4 000倍稀释液或30%灭铃灵乳油1 500～3 000倍液或20%灭幼铃悬乳剂1 500倍液或20%杀虫杀螨剂（菊杀）乳油2 000倍液。喷施叶面注意药物要交换使用。

## 九、豆荚螟

豆荚螟，别称豇豆荚螟。我国各地均有该虫分布，以华东、华中、华南等地区受害最重。主要为害大豆、豇豆、菜豆、扁豆、豌豆、绿豆、四季豆等豆类作物。

【为害与诊断】主要以幼虫蛀食豆荚内豆粒为害，幼虫也可为害豆叶、花及豆荚，常卷叶为害或蛀入豆荚内取食幼嫩的种粒。被害籽粒重则蛀空，仅剩种子柄；轻则蛀成缺刻，几乎都不能作种子。荚内及蛀孔外充满粪粒，变褐以致霉烂。受害豆荚味苦，不堪食用。严重受害区，蛀荚率达70%以上（图3-41至图3-44）。

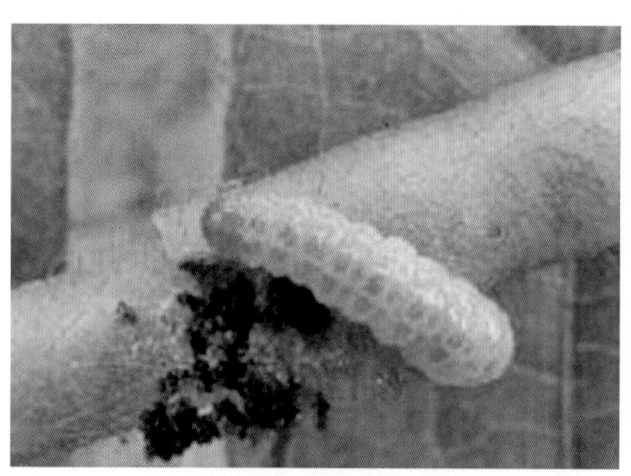
图3-41　豆荚螟幼虫

图3-42　豆荚螟成虫

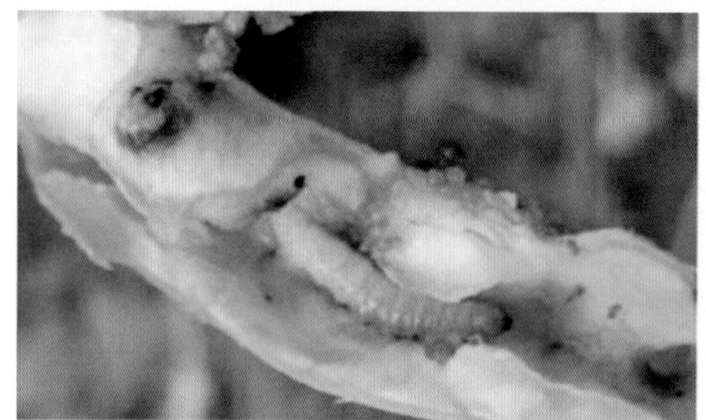
图3-43　正在蛀食豇豆的豆荚螟

图3-44　豆夹中的豆荚螟

【生活习性】豆荚螟以蛹在土壤中越冬，每年6—10月幼虫为害期。成虫昼伏夜出，白天多躲在豆株叶背、茎上或杂草上，傍晚开始活动，趋光性不强。成虫羽化后当日即能交尾，隔天就可产卵。每荚一般只产1粒卵，少数2粒以上。其产卵部位大多在荚上的

细毛间和萼片下面，少数可产在叶柄等处。在大豆上尤其喜产在有毛的豆荚上；在绿肥和豌豆上产卵时多产花苞和残留的雄蕊内部而不产在荚面。

【绿色防控】

（1）农业防治。选种抗虫品种。避免豆科植物连作。在水源方便的地区，可在秋、冬灌水数次灌溉灭虫，提高越冬幼虫的死亡率。在夏豆开花结荚期，灌水1～2次，可增加入土幼虫的死亡率。可使用防虫网防治豆荚螟，也可在田间架设黑光灯或多频振式杀虫灯，诱杀成虫。

（2）药物防治。老熟幼虫脱荚期，毒杀入土幼虫，以粉剂为佳，主要有2%杀螟硫磷（杀螟松）粉剂，1.5%甲基1605粉剂，2%倍硫磷粉等1.5～2kg/亩。现蕾开花期用90%晶体敌百虫700～1 000倍液或50%倍硫磷乳油1 000～1 500倍液或50%杀螟松乳油1 000倍液或溴氰菊酯2 000～4 000倍液。在盛花期开始，在幼虫卷叶前即采用“治花不治荚”的施药原则，选用特效药毒死蜱（农地乐）800倍液，于8时以前，太阳未出之时，集中喷在蕾、花、嫩芽和落地花上，每7～10天防治1次，连续2～3次，效果较好。

## 十、地老虎

地老虎，别称切根虫、土蚕子。为害较多的有大地老虎、小地老虎、黄地老虎等。地老虎食性较杂，能为害多种蔬菜。主要为害薯类、瓜类、芹菜等。

【为害与诊断】全年中主要以春、秋两季发生较严重。小地老虎低龄幼虫在植物的地上部为害，取食子叶、嫩叶，造成孔洞或缺刻。中老龄幼虫白天躲在浅土穴中，晚上出洞取食植物近土面的嫩茎，使植株枯死，造成缺苗断垄，甚至毁苗重播，直接影响生产。此外，幼虫还可钻蛀为害茄子、辣椒果实以及大白菜、甘蓝的叶球，并排出粪便，引起产品腐烂，从而影响商品质量（图3-45至图3-49）。

图3-45　地老虎幼虫

图3-46　地老虎成虫

图3-47　地老虎啃食玉米根

【生活习性】成虫具有趋光性和趋化性，因虫种而不同。小地老虎、黄地老虎、白边地老虎对黑光灯均有趋性；对糖酒醋液的趋性以小地老虎最强，黄地老虎则喜在大葱花蕊上取食作为补充营养。卵多产在土表、植物幼嫩茎叶上和枯草根际处，散产或堆产。3龄前的幼虫多在土表或植株上活动，昼夜取食叶片、心叶、嫩头、幼芽等部位，食量较小。3龄后分散入土，白天潜伏土中，夜间活动为害，常将作物幼苗齐地面处咬断，

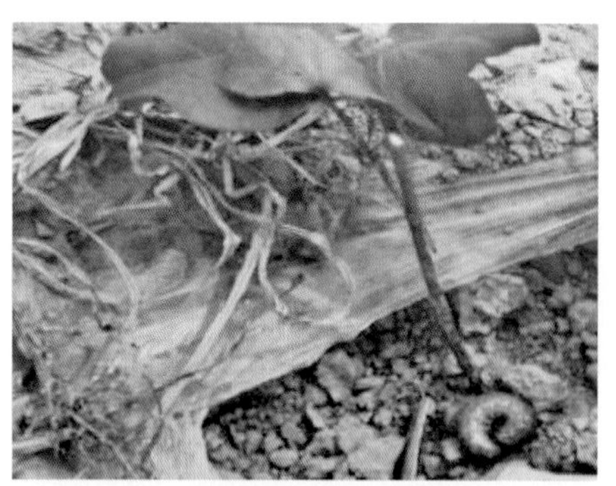

图3-48　地老虎为害棉花苗

图3-49　地老虎为害玉米苗后症状

造成缺苗断垄。每年4—6月为害较重。

【绿色防控】

（1）农业防治。早春清除菜园及周围杂草，防止地老虎成虫产卵。发现1～2龄幼虫要先喷药，后除草，以防个别虫卵入土隐蔽。清除的杂草要远离菜田，沤粪处理。人工捕捉幼虫。在高龄幼虫盛发期，每天早晨巡视田间，找刚出现的萎蔫苗、枯心苗，拨开萎蔫苗周围泥土，挖出小地老虎的大龄幼虫处死。可集中杀虫，也可用黑光灯诱杀成虫，或糖酯液诱杀成虫。

（2）药剂防治。用25%敌百虫粉剂2.0～2.5kg/亩喷粉防治。也可用50%辛硫磷乳油拌细砂土10～20kg/亩制成毒土防治，在作物根旁开沟撒施药土，并随即覆土，以防小地老虎为害植株。在虫龄较大、为害严重的菜田，可用80%敌敌畏乳油或50%辛硫磷乳油或50%二嗪磷（二嗪农）乳油1 000～1 500倍液灌根。

## 十一、白粉虱

白粉虱，又名小白蛾子。是世界性害虫，我国各地均有发生，是菜地、温室大棚蔬菜的重要害虫。

【为害与诊断】锉吸式口器，大量成虫和若虫密集在叶片背面吸食植物汁液，被害叶片褪绿、变黄、萎蔫，甚至造成全株枯死。此外，由于其繁殖力强，繁殖速度快，种群数量庞大，群聚为害，并分泌大量蜜液，严重污染叶片和果实，并往往引起煤污病的发生，使蔬菜失去商品价值。同时白粉虱还可传播病毒，引起病毒的发生（图3-50至图3-52）。

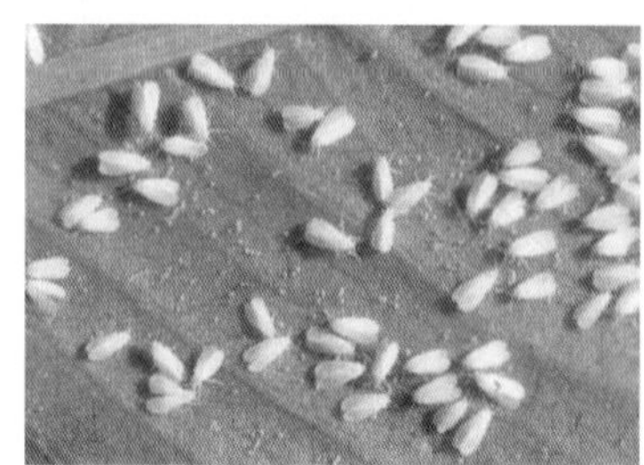

图3-50　白粉虱成虫

图3-51　白粉虱成虫放大

图3-52　白粉虱造成番茄煤污病

【生活习性】白粉虱一年发生10代以上，北方在蔬菜大棚中越冬，翌春气温回升后，逐渐向露地迁移扩散，7—8月虫口数量增加最快，10—11月气温下降以后，再向蔬

菜大棚转移为害蔬菜。

【绿色防控】

（1）农业防治。在大棚蔬菜生产过程中，只要棚外气温还适应白粉虱生存，就应加用防虫网（超过40～60目为宜），防止白粉虱进入棚内。育苗或栽植前，应彻底清除杂草和残株。摘除带早老叶携出田外烧毁或深埋。利用白粉虱成虫对黄色有较强的趋性的特点。设置黄板，上涂机油，放置于田间诱杀。

（2）药剂防治。用10%噻嗪酮（扑虱灵）乳油1 000倍液，25%公灭猛乳油2 000倍液，2.5%联苯菊酯（天王星）乳油3 000倍液等进行喷雾，也可用24.5%烯啶噻啉杀虫杀卵。棚室栽培结合熏烟法，每亩用15%敌敌畏烟剂300～400g，或用20%异丙威烟剂200～300g熏烟防治，于傍晚点燃，闭棚熏8～12h。

温馨提示：由于白粉虱一年发生世代较多，在同时期同一作物上可存在各种虫态，目前对所有虫态都有杀灭效果的农药几乎没有，所以药剂防治必须连续几次用药。

（3）天敌防治。可以选择提前释放天敌，如寄生性天敌丽蚜小蜂、捕食性天敌瓢虫、草蛉等控制粉虱种群数量。

# 主要参考文献

吕佩珂，苏慧兰，等. 2008. 中国现代蔬菜病虫原色图鉴（全彩大全版）[M]. 呼和浩特：远方出版社.
王九兴，张慎好，等. 2016. 瓜类蔬菜病虫害诊断与绿色防控原色图谱[M]. 北京：金盾出版社.
朱国仁，王少丽. 2015. 新编蔬菜病虫害绿色防控手册[M]. 第3版. 北京：金盾出版社.